湿地中国·自然博物

湿地中国

夜鹭喜欢上夜班

何腾江——著

广州新华出版发行集团
广州出版社
GUANGZHOU PRESS

图书在版编目（CIP）数据

夜鹭喜欢上夜班 / 何腾江著 . -- 广州 : 广州出版社，2025. 1. --（湿地中国 · 自然博物）. -- ISBN 978-7-5462-3783-1

Ⅰ. Q959.708-49

中国国家版本馆 CIP 数据核字第 2024SY2247 号

湿地中国 · 自然博物：夜鹭喜欢上夜班

Shidi Zhongguo · Ziran Bowu：Yelu Xihuan Shang Yeban

出 品 人 柳宗慧

出版发行 广州出版社

（地址：广州市天河区天润路 87 号 9—11 楼　邮政编码：510635

网址：www.gzcbs.com.cn）

选题策划 李碧梅

责任编辑 伍秀娟　刘瑞敏　王莉莎

特约编辑 潘　瑞

营销编辑 李　玲　麦嘉琪

责任校对 蒋　明

插　　图 苏庭萱

封面设计 蓝美华

内文设计 友间文化

印刷单位 东莞市信誉印刷有限公司

（地址：东莞市南城区水濂澎洞工业区一期C区　邮政编码：52300）

规　　格 889 毫米 × 1194 毫米　1/32

字　　数 75千

印　　张 5

版　　次 2025 年 1 月第 1 版

印　　次 2025 年 1 月第 1 次

书　　号 ISBN 978-7-5462-3783-1

定　　价 39.80元

前言

湿地之美·生态之美·家园之美

何腾江

一

湿地很小，也很大。

一处浅浅的池塘，就是一块小小的湿地。

涟漪阵起处，也许，你会看到一只白鹡鸰（jílíng）正在池塘边踱步；也许，你会看到一只水黾（mǐn）正在水面捕食；也许，你会看到一株睡莲正在水中盛放……它们在湿地里生长、繁育、捕食、防御、迁徙、共生……这是生物界极为神秘的部落，也是极为复杂的生态环境。

一处弯弯的海岸，低潮时水深不超过六米的水

域，就是一块大大的湿地。

潮起潮落间，或许，你会遇见一群红嘴鸥在海面翩跹（piānxiān）；或许，你会发现一只菜粉蝶正好飞过；或许，你会看见一棵棵椰子树挺立在海边……它们在潮间带或自由翱翔，享受生命的快乐；或交配繁殖，完成物种延续的伟大使命……

这些或小或大的湿地生境，就是中国湿地的一个横断面。

我试图从一个微小的切口，闯入一片恢宏的湿地世界。

二

在祖国大陆南端的雷州半岛，有一个地方，名叫灵界村，那是生我养我的故乡。

雷州半岛三面临海，海浪和台风时常光顾，因此，海水的涨落也更加频繁、幅度更大。海水涨退之间，曲折绵长的海岸边就形成了一处独特的生态环境——潮间带。

潮间带里，有一种植物群落被称为“海岸卫士”，那便是红树林。

这里的红树林是独特的木本植物群落，星罗棋布在海与岸之间，守护着我们的家园。

潮起，一棵又一棵低矮的红树植物渐次被海水淹没，或许仅有树冠露于水面，形成最特别的“海底森林”；潮落，一棵又一棵茁壮的红树植物又立于滩涂湿地上，成为鸟、鱼、虫、蟹、螺等多种生物的“保护伞”。

生长在潮间带中的红树林，是热带、亚热带海岸及河口潮间带特有的森林植被。在红树林区域，我们可以看见，一群又一群迁徙中的候鸟在树上停歇；又或者是一只又一只鱼、虾、蟹、螺在其间穿梭……

这是典型的湿地生态。

正是故乡一片片海岸与池塘，带给我关于湿地的自然启蒙，让我的人生充满了乐趣。

记忆里，少年时的我，或站在水库的岸边，注视着一只又一只小䴙䴘（pìtī）在水中央一会儿游水一会儿潜水；或卷起裤脚，蹚过浅水，将湿地的一隅围拢起来，然后舀浅了水，拔掉水草，在泥地里捉鱼摸虾；或用画笔描绘着一棵又一棵水生植物在四季轮回里的不同色彩……

这一处处湿地，是灵界村赠予少年时的我最美好的礼物。

在观察湿地时，我不经意间抬头，发现了四季轮转，日月同辉，湖同景不同，免不了要发出“万顷湖泊一点山”的感慨，也更想把少时的观察所得用文字留在纸上了。

三

在珠三角的腹地，有一个地方，名叫中山，那是一代伟人孙中山先生的故乡。

前 言

那里有一条又一条河涌蜿蜒而过，水网密布。

民房沿水而建，民众临水而居。一排排房子、一棵棵荔枝树与香蕉树倒映在水里。

清凌凌的河水，绿油油的农田，金灿灿的太阳，轻舟若过，点缀其间，灵动了多少湿地水乡。

原住民疍家人撑舟而过，捕鱼种地，世代繁衍，演绎出独特的湿地文化。

中山东边的珠江出海口有一片水域叫伶仃洋。那里形成了一处又一处滩涂，也是海陆交接的敏感地带。这叫海滩，也叫河滩。

这也是典型的湿地生态。

正是这样诗意盎然的湿地生态，深深地迷住了在中山定居的我与我的工作伙伴蟑螂老师，让我们在这样的窗口里，看见了生生不息的湿地万物，看见了壮美而磅礴的湿地生境。

蟑螂老师是生物学的硕士研究生，痴迷于自然，也沉醉于自然。毕业后，一直从事自然生态方面的工作，对中山这座城市的湿地生态了如指掌。

有他在，我对湿地的观察愈加专业，收获也愈加丰富。

“南朗泮沙的湿地又来了一批冬候鸟。”蟑螂老师多是踩准了观鸟点，才不紧不慢地向我“通风报信”。

“我刚刚在稻田里拍到了三只白额雁，这是中山首次影像记录到的。”蟑螂老师身在山野，也不忘向我“直播”观鸟收获。

在蟑螂老师的带动下，我时常与他一起站在湿地里，静心观察候鸟的迁徙过程，捕捉昆虫的灵动瞬间，详细记录植物的生长变化。时光如梭，季节更迭，我们渐渐熟悉了越来越多的生物，这就是自然观察的收获。

四

湿地是野鸟的家园，是昆虫的家园，是植物的家园，也是我们的家园。

前 言

湿地之美，早在《诗经》里就美得“无边无际”了。那一句朗朗上口的“关关雎鸠，在河之洲”，描绘的就是湿地的诗意风景。

到湿地走一遭，我们就会发现，一群鹭科野鸟将红树林装点成“绿里透白”的风景，一棵红树植物也能繁衍成一座“水上森林”，一只弹涂鱼还能“占地为王”……

这时候，我们是不是会有一种冲动，为满眼的翠绿倒映在蓝天碧海之间而舞蹈，为这一片诗意的栖居地而歌唱……

这就是湿地之美，生态之美，家园之美。

作于孙中山故乡

2024年1月30日

目录

上辑 涉禽野鸟

下辑

游禽野鸟

上辑

涉禽野鸟

涉禽主要是指适应于在浅水或岸边栖息生活的野鸟，它们的共同特征是嘴长、颈长、腿长，能够在浅水中轻松自如地行走，但并不擅长游泳。

休息的时候，涉禽常常会单脚独立，既节省能量，又方便它们随时准备起飞或行走。

这些水鸟，或是鹳形目，或是鹤形目，或是鸻形目……它们的身影一出现，整片湿地便立刻生意盎然，灵动非凡。

那只回不去故乡的鹤鹬

我和蟑螂老师行走在大海边的滩涂上。这里有泥滩，有芦苇，还有野鸟。

天空很低，跟泥滩一样深沉。偶尔有野鸟飞过，阴沉沉的天空一下子有了生气，也有了灵气。

这里是岭南地区典型的滩涂湿地，到了冬季，迁徙的冬候鸟会在这里停歇，待补充了足够的能量，再启程，继续南迁。

在这片湿地里，单是鹬科野鸟就有十几种，要想从鸟群中快速分辨出它们的品种，着实不容易。显然，观鸟不单是件体力活，更是件烧脑的活。

好在我多多少少做了些功课，记住了鹤鹬的叫声。它们的鸣叫声只有两个音节，而旁边的红脚鹬的鸣叫声却有三个或更多音节。

鹤鹬的叫声是那种响亮而清脆的“jiū-wei，jiū-wei”，重音放在第二个音节上。用博物学家理查德·梅比的话来说，鹤鹬嘹亮而欢快的哨音“像搬运工人叫停出租车时吹的口哨”。

我站在湿地边观察了许久，那只鹤鹬只顾着埋头觅食。它的头像缝纫机的针头一样，颇有节奏地上下摆动。它边走边啄，很快就来到了浅水边。这时候，鹤鹬用喙在水中左右扫动，渐渐往水深的地方扫了过去。不一会儿，我看见它居然将头彻底埋入水中，不断啄食着什么，许是收获不小吧。

鹤鹬的喙又细又长，末端微下弯，下喙基部是红色的，颈和胫都长于红脚鹬、黑尾塍（chéng）鹬等，这利于它们走进更深的水中觅食。它们用喙一下又一下地啄食那些逃窜的小鱼小虾，以及其他

无脊椎动物。

眼前这只鹤鹬也许是吃饱了，也许是感觉到了什么，突然抬起头，一怔，继而重复发出急促的“jiū”声。那是一种警示声，它是在告诉伙伴：这里有危险！

随着这只鹤鹬腾空而起，不远处的好几只鹤鹬也齐刷刷地飞了起来。它们的整个身子都呈现在我眼前。此时不是鹤鹬的繁殖期，它们整体羽色皆为灰白色。飞行时，它们腰部的白色呈现出来，一直延伸到背部，红色的双脚伸出尾后较长，类似于红脚鹬。

鹤鹬并不会在岭南地区繁殖，只是岭南的“过客”。但从这里聚集了大量的鹬科野鸟这一点可以看出，这片湿地的食物极为丰富。

每年的5月一到，鹤鹬跟鹬科许多其他野鸟一样，又要启程，回到遥远的北方进行繁殖。在迁徙过程中，鹤鹬才陆续开始换羽。在换羽阶段，它的体羽颜色不断加深，直至通体变为黑色，背部还带有反差明显的银白斑点。那是极为漂亮的繁殖羽。

我记得，有一年5月，我们在这片田野里遇见了一只断了一条腿的鹌鹑，它孤零零地在田垄间蹦跳着……

这只失去了一条腿的鹌鹑在觅食时显然遇到了重重困难。那些田垄刚刚被翻耕过，有些地方拢得高高的，无疑给这只鹌鹑觅食增加了难度。它一条腿撑地，另外那条断腿朝后弯曲着，让人看了不免有些心疼。这只鹌鹑还在田垄里摔了一跤，羽毛沾了些许的泥。不过它很快又站了起来，单腿跳着，往另一条田垄跳去。

好在，这只鹌鹑的运气还不算太坏，终于逮住了一条蚯蚓。蚯蚓扭动着身体试图逃脱。显然，那是徒劳的。鹌鹑三两下就将蚯蚓吞了下去，心满意足地抬起头，望向远方……

此时此刻，这只鹌鹑在想什么？我们猜不透它的心思。只是，北方那个叫作“故乡”的地方，恐怕这只鹤鹬是真的回不去了。

但愿这只鹤鹬在田垄间，能够遇见下一条蚯蚓，或是一条泥鳅，又或是某种蠕虫。这样的话，至少不必忍饥挨饿，也许它就知足了。

野鸟朋友圈

鹤鹬

一年两次的换装秀即将来临，我先提前拉个票，请走过路过的朋友多多支持，投出你宝贵的一票！

1分钟前

♥ 红脚鹬，岩雷鸟，白鹭

鸳鸯：春天错过了一次换装秀，这次可一定不能错过！

鹤鹬回复鸳鸯：欢迎！到时为大家准备纪念品！

岩雷鸟：真想报名，可惜我离你们太远了。

鹤鹬回复岩雷鸟：你要是来参赛，我们可不都得输，谁能比得过你那一身纯白的冰雪大衣呀！

皮皮虾：这个好玩，搞得我也想换装了……

鹤鹬回复皮皮虾：哈哈，这可不是为了玩，我们的换装可是意义重大呢。

皮皮虾回复鹤鹬：快和我说说，这是为什么？

______：______________________________

______：______________________________

滩涂边的矶鹬像停留的云

一

正逢台风季。天气预报说，台风明天就会来。“不听话”的我们站在海岸边，望着远处向我们走来的两位巡查员，只能恋恋不舍地收拾装备，准备返程。

此时海浪一浪接一浪地翻滚而来，海浪的声音混杂着海风的呼啸，几乎盖住了所有野鸟的鸣叫声。在收拾装备的间隙，我们试图从风浪声中捕捉到矶鹬的叫声，但最终还是失败了。

“看见了吗？礁石上，站着一只矶鹬。”蟑螂老师举着望远镜，不断地搜索着什么。

“没有。”我用望远镜扫过来，又扫过去，怎么都找不到矶鹬的身影。

“就在礁石上，浪花打过来时，它跳开了；潮水退去后，它又落回原来的位置。”蟑螂老师一直盯着礁石。

就在这时，一个巨大的浪花突然奔袭过来，狠狠地砸在礁石上。我看见一只矶鹬腾地而飞，落到

另一处礁石上。

这是一只并不显眼的矶鹬。它的体色几乎跟礁石的黑褐色融为一体。我仔细端详，发现它的腹部有一点点白色。刚才太心急的我，误将矶鹬腹部的白色当成了浪花。

矶鹬的飞羽是黑褐色的，胸腹部的白色，沿着胸侧向背部延伸。镜头里，矶鹬站在礁石上不停地摆尾，身子转来转去，像是张望着什么。

矶鹬停下来的时候，可以看到它的翼前方还有一块明显的白斑，延伸至肩部，呈月牙形；在它展翅起飞时，尾巴两边的白色横斑和翼上宽阔的白色翼带也很有辨识度。

“矶鹬是冬候鸟，每年秋冬季朝东南亚南迁时，都会路过这里。这里的湿地环境不错，算是冬候鸟的中转站。”一到秋冬季，蟑螂老师就时不时来海岸边拍摄冬候鸟。

从体型上来看，矶鹬跟灰背椋（liáng）鸟差不多，但矶鹬是涉禽，喜欢停在入海口的礁石上，又或者飞到滩涂地上。我们前几次到这里观察时，总能看到一群矶鹬时不时从海面轻盈地飞过，忽高忽低。又或者，矶鹬会突然展开像弯弓一样的翅膀，瞬间飞离地面，然后在半空中起伏有致地飞行。这样的飞行姿势又有点像白鹡鸰。

天空变得阴沉，似乎已有雨滴落下。

只见一只矶鹬一会儿飞到入海口，一会儿又回到滩涂，一直在入海口和滩涂之间往返着。也许只有当夜幕降临，海浪渐渐歇息下来，矶鹬高亢的鸣叫声才会渐渐低下来……

此刻，巡查人员已经来到我们面前，劝我们离开，即将到来的台风真是可怕！

二

台风过后，我们又来到海边。大海的另一侧，有几片宽阔的鱼塘，大多数都近乎干涸。鱼塘的边上，长满了芦苇。一只长尾缝叶莺停在芦苇上，“啾啾”地鸣叫着。

其中一个鱼塘的低洼处，积了一些水，形成一片水域，成了滩涂。水域并不宽阔，但足够这群矶鹬填饱肚子。

我们站在高处，目睹着滩涂里发生的一切。

蟑螂老师架着摄像机，对着水面的矶鹬拍个不停；而我举着望远镜，不断地搜寻着更多的矶鹬。看着这群可爱的矶鹬，我突然想到，欧阳婷老师在《北方有棵树：追随大自然的四季》里对它们有过一段颇为传神的描写——

它们有着沙砾般碎斑点的体羽、细长的双腿、流畅而轻盈的线条感、机敏的眼睛和神情，每一只站在滩涂边就像是停留的一朵云。

矶鹬似乎并不在意我们的存在，低着头，在滩涂里随意地走走停停，不停地啄食着什么。

“沙子里有蠕虫，它们是在找虫吃。”蟑螂老师小声提醒着。

这群矶鹬大概有30只，已然集成了一个小群体。它们在水里一边快速行走一边觅食，尾巴时常上下颤动。

它们喜欢到海边，以及有淡水湿地的生境里，尤其偏好有岩石的环境。毫无疑问，这一片海域既有淡水湿地，又有岩石，正合了它们的意。

就在我们观察的间隙，一只矶鹬在前面踩着细碎的步伐小跑着，另一只在后面追赶，绕着滩涂转个不停。

不久，夕阳西沉，西边的天空呈现出一片红彤彤的景象。这一群矶鹬还在滩涂啄食。也许，只有当暮色铺下来，黑夜的奏鸣曲响起时，它们才会依依不舍地离开滩涂，回到它们的栖息地。

野鸟朋友圈

矶鹬

伴侣在家里孵卵，我就在门外当“保安”，赶走一切坏蛋，希望伴侣和孩子们平平安安！

20分钟前

♥ 黑水鸡，红嘴鸥，红脚鹬，青脚鹬，丹顶鹤，斑嘴鸭

红脚鹬：这么快就要迎接新生命啦，恭喜恭喜！

矶鹬回复红脚鹬：谢谢，到时它们就可以和你的孩子们一起玩了！

黑水鸡：最近怎么不见你的伴侣出来吃饭了？可不能饿着呀。

矶鹬回复黑水鸡：谢谢关心，它刚开始孵卵时早、中、晚各出去觅食一次，现在为了孩子，就变成一天只出去一次了，不过一次的时间会比较长，饮食还是有保障的。

黑水鸡回复矶鹬：那就好，不过你每天怎么保护它们呀？我要向你学习！

______：________________________________

______：________________________________

夜鹭喜欢上夜班

夜鹭似乎总是在黄昏时才飞抵池塘边的那一根枯枝，或许那是它与枯枝的约定。它一动不动地立在枯枝上，好像眯着眼，是在打盹吗？

绝对不是。夜鹭是来上“夜班”的。

它的头顶至枕部像披着蓝黑色的幕布，当月色洒下来的时候，似乎与它的身体“融为一体”。这便是最好的伪装。

池塘边上，是一片湿地，长满了杂树。这个晚上，于池塘里的鱼、虾、蟹来说，似乎又是一个“无眠的夜晚”——夜鹭是它们的“噩梦”。

夜鹭拥有后宽前尖且带钩的喙，黝黑黝黑的，感觉就像是一把弯弯的匕首，在朦胧的月色下闪着冷峻的光。

我刚刚忙完稻田里的农活，正收拾着农具，夜鹭恰好出现在我的视野里，守候在稻田旁，似乎有点“交班”的意思。

“夜鹭是池塘的‘惯偷’，总是趁夜黑风高

的时候偷袭鱼。”父亲扬起手，擦了擦额头上的汗珠，转身准备去牵牛回家。

“夜鹭这一习性有点像獾，都是借着夜色的掩护偷袭。”我突然想到了那只兽。

父亲并没有接话，牛倒是接上了——“哞哞”两声后，低下头，等待主人将牛车的轭放在它的脖子上，一起回家。

夜鹭接“班”之后，并不急着寻找食物。早晨也好，黄昏也罢，这里的湿地就是它的自助餐厅，就是它的天堂。

我坐在牛车上，摘掉草帽，视野一下子开阔了。只见天空中还游荡着几只野鸟，羽毛上布满了白色斑点……

“那是夜鹭的孩子，是‘未成年’的鸟。待它们成年后，这些白色斑点就会消失，体羽完全变成蓝黑色。”父亲此时才接上话。

我们的对话，时常是有一搭没一搭的，像天上的星星，时闪时灭……

夜鹭跟星星一样，都是黑夜的精灵。此时，它们结伴成群，聚集在一起，不停地吵闹着。

牛车沿着河岸往家的方向赶。湿地的树林里不时传出“呱——呱呱”的声音。

“那是鸟在吵架吗？”这声音听起来有些不对劲。

话音刚落，一只夜鹭拍打着翅膀从树丛里飞起，另一只夜鹭紧随其后追了出来。

“夜鹭不仅吵架，还动不动就打架。”父亲笑道，“这种鸟既喜欢聚在一起，又动不动就追赶族群里的其他成员，让大家都不安宁，就像不听话的孩子一样。”

父亲说话间，眼神掠过我，意味深长。

夜色越发浓重，眼前的景象也越发暗淡，牛车已越来越靠近村庄。这个夜晚，也许就是夜鹭的专场。

夜色下，夜鹭行动了。

它习惯性地蜷缩着脖子，表面上一副无所事事的样子。其实，夜鹭已时刻做好出击的准备，像一个隐于黑夜的侠客。

“咚！”就在一条鱼探出水面透气的瞬间，夜鹭的尖喙已刺了过去。

遇见的若是小鱼，夜鹭就用尖尖的喙紧紧夹住，轻而易举就吞了下去；要是遇见稍大的鱼，它们一般先用上喙刺穿鱼身，再将上、下喙合拢，这时鱼再挣扎也是徒劳了。

夜鹭这一番娴熟的捕鱼动作，如行云流水，一气呵成。

其实夜鹭也会用野果作为鱼饵扔到水中，引诱猎物，自己则在岸边耐心等待，猎物一露头，夜鹭便如离弦之箭扑过去，像一位经验丰富的捕鱼人。但更多时候，夜鹭更像一位暗夜杀手，静静潜伏，守株待兔，一旦发现猎物，便找准时机立刻动手，绝不含糊，似乎在告诉我们：知者善谋，不如当时。

野鸟朋友圈

夜鹭

哈哈，今天又假装成企鹅混进动物园饱餐了一顿。明天假装成谁呢？

8分钟前

❤ 画眉，喜鹊，池鹭

画眉：企鹅你也能假装？怎么做到的？

夜鹭回复画眉：很简单，脖子一缩，谁看了不说我是一只可爱的小企鹅？

喜鹊：真有你的，不愧是中华田园企鹅。

小䴙䴘：你这家伙太可恶了，还没成年时就假扮过我，害得我孩子都以为你是我。

鸳鸯：显眼包！白天不好好捕鱼干饭，到处假扮人家，小心被集体投诉！

夜鹭回复鸳鸯：冤枉啊，我们夜鹭都是晚上才捕鱼的。

鸳鸯回复夜鹭：那你倒是解释一下，为什么非要到晚上才捕鱼？

______：______________________________

______：______________________________

青脚鹬跟大海的约定

我时常在出海口的海岸边行走。这里并没有严格意义上的海滩，即使退了潮，显露出来的滩涂也是黑乎乎的，没有几个人敢赤脚走在这样的滩涂上……

就是在这片滩涂，我注意到了青脚鹬。

那时候，台风快要来了，海浪也汹涌起来。仔细听，海浪还挺有节奏的，偶尔爆发出震天动地的吼声，响彻整个荒野，不过，吼声很快又消失了，天地归于寂静。仿佛才刚刚喘了一口气，海浪又以排山倒海之势滚了过来，砸向礁石，却被击得粉碎。

在响亮的海浪声之间，我的耳际隐约回荡着一阵又一阵鹬科野鸟的鸣叫声。它们都是这片湿地的常客，只要秋冬时到湿地走一趟，总能遇见它们，或是黑翅长脚鹬，或是金眶鸻（héng），或是红脚鹬……

观鸟的乐趣之一，就是聆听鸟鸣，然后分辨野鸟的种类。这简直就是一个猜谜活动，我乐此不疲。

这些时常出没在湿地的鹬科野鸟中，鹤鹬的声音响亮而清脆，仿佛是在跟一个似曾相识却又一时想不起对方名字的人打招呼："jiū-wei，jiū-wei"；长脚滨鹬一边飞行一边"举为、举为"地叫着；剑鸻则是圆润的笛音"tu-weep"，第二个音节呈升调……

我一一辨认，有的对，有的错。片刻之后，有一小段响亮而有辨识度的降调笛音"tyu-tyu-tyu"出现，而且重复了三次。

没错，那是青脚鹬飞行时发出的鸣叫声。

我注视着这片滩涂。只见一只青脚鹬急速飞来，落在一个转角的地方，礁石正好挡住了它的半边身子。我挪动了一下观察的位置，这才清楚地看到青脚鹬扯长脖子，低头倾向水面，然后一直保持着双腿站立的站姿。

仿佛是确认周围环境安全了，青脚鹬这才将一

条腿缩了上去，只留一条腿支撑着身子。看着青脚鹬就这样单腿站了好一会儿，我才意识到，原来它要“午休”了……

青脚鹬或单独行动，或聚成一小群，在沿海滩涂、内陆沼泽、河流、水田等湿地生境里活动。几乎每次到这片湿地，我都能够遇见青脚鹬，它的身子偏白，腹部纯白，而灰色的背部点缀着地衣般的斑点。

这只青脚鹬休息了不足3分钟，便有好几十只青脚鹬落下来，一下子聚成了小群。我举着望远镜，数过来，又数过去，最终确认了数量——32只。

刚刚落下来的青脚鹬也纷纷单腿站立，将长喙反埋在翅膀里，开始打盹。旁边的两只亚成鸟，不时地在泥地里啄呀啄，屁股翘起来，特别有趣。这是第一次随大部队迁徙的亚成鸟，调皮得很，仿佛有使不完的劲，又或者是对这片湿地充满好奇……

在持续观察的间隙，鸟群里突然响起一阵尖锐的单音节“chip”声，那是青脚鹬的示警声。在我还没完全反应过来的时候，青脚鹬已纷纷起飞。我赶紧举起望远镜，看见它们亮白色的腰部在冬日暖阳的照耀下，仿佛天空中的信号灯，闪闪发光。

绕着出海口转了几圈，仿佛是警报解除了，青脚鹬又落回到原来的滩涂上。我一数，不多不少，还是原来的 32 只。

潮水渐渐退去，海边露出更大的滩涂。这一片滩涂是大海送给青脚鹬最好的礼物。仿佛与大海约定了一样，每年的秋冬季，这些青脚鹬都会回来，看看礁石，看看大海。

滩涂里，生长着田螺，也生长着水生昆虫，还生长着海草，生物多样性在冬候鸟的“中转站”里得到了充分呈现。我期待，每年的秋冬季，都能在这片湿地里遇见青脚鹬，遇见更多的鹬科野鸟……

野鸟朋友圈

青脚鹬

总是有朋友把我和小青脚鹬弄混，这里提示一下，可以从三个地方区分我俩：

1. 我的头更大，脖颈短一点，而小青脚鹬头小一点，脖颈长一点；

2. 我的嘴完全是黑色的，小青脚鹬的嘴巴底部有黄色；

3. 我的脚是青色偏黄，小青脚鹬的脚是青色偏灰。

此外，小青脚鹬因为种种原因数量很少，大家看到的一般都是帅气的我，嘿嘿。

12分钟前

♥ 海鸥，普通翠鸟，鹈鹕，天鹅，信天翁

鹈鹕：说得很清楚！之前我也总是会认错，以后肯定不会啦。

青脚鹬回复鹈鹕：嘿嘿，比心。

海鸥：还有一点，你们的声音也不太一样呢。

青脚鹬回复海鸥：哈哈，是的，这也是一个细节。

天鹅：我还经常把你和泽鹬认错呢，你俩又怎么区分呢？

______：______________________________

______：______________________________

孤单的灰鹤在荒野鸣叫

入冬前，这片稻田总要被收割一番，如一种仪式，亘古不变。眼下的稻田，收割机轰轰驶过，稻谷颗粒归仓，剩下的稻秆被农民垒成草垛。一下子，整片稻田变得空旷起来。

站在田埂上，我总是有一种莫名的伤感。季节轮转，万物更替，有时候，时间的流逝总是能将人的情绪撞击得七零八落。

稻田一畦连着一畦，延伸向远方。稻田的尽头靠近出海口。许多时候，我们站在稻田这边，能清晰地听见尽头的海浪声。

前段时间，稻田里还是满眼的金灿灿。那些藏匿在稻秆底下的野鸟，我们只听得其声，却寻不见其影。稻浪声应和着海浪声，伴着鸟鸣声，组成了动听的乐曲。

灰鹤往往在我们听得入迷时从稻田里起飞。

几乎每一只灰鹤成鸟的体长都在100~125厘米之间，形体庞大。灰鹤起飞的时候，并不能直接从稻田原地起飞，而是需要一段距离的“助跑”。

刚刚收割后的稻田，泥泞不堪，机器留下的痕迹深深浅浅，且稻根高低不一。这一小段“助跑”，灰鹤显得有点踉踉跄跄，不过这也给了我们足够的观察时间。

那只灰鹤的羽毛大部分是灰色的，头顶前部有一撮羽毛是黑色的，中间还有一小撮羽毛是红色的。这一小撮红色羽毛就是典型的“鹤顶红”，也是我们辨认灰鹤的重要标志。它的颈部左、右两侧各有一条灰白色的纵带，一直延伸到后颈会合，形成一个倒“人”字形。

灰鹤“助跑”了一段距离后，整个身体由低至高，慢慢飞向高空。这时，它秀美的体型就完全展现出来了。它的飞行姿态是那么优雅，看似缓慢，实则气宇轩昂。

灰鹤在稻田上空盘旋着。我举起望远镜，目光紧紧跟随着它。只见灰鹤的整个身子都舒展开来，显得越发修长，也越发灵动……

盘旋了一小段时间后，灰鹤并没有往出海口的方向飞去，而是飞往另一边的稻田。在这一片湿地生境里，有好几畦连片的稻田，这是我们所在城市最后的诗意栖息地。

于是，我们启动车辆，赶往另一片稻田，继续追踪灰鹤。

冬季的黄昏总是来得比较快。当天边的阳光一点点褪去，夜色就铺天盖地了。

我们在距离那片稻田还有一段路程的地方停车，肩上扛着拍摄工具，脖子上挂着望远镜，悄悄潜了过去。借助杂草的掩护，我们在一处观察点驻扎了下来，举着望远镜到处搜寻着。

稻田一片静谧，空旷而辽远。

还是刚才那只灰鹤立于稻田之上。它缓步轻移，气定神闲。我们赶紧架好相机，对准了灰鹤，生怕它又飞走了。

这是我们在这片湿地第一次这么近距离地观察灰鹤。

灰鹤是岭南地区的冬候鸟，一般来自遥远的西伯利亚。它们性情机警，胆小怕人，觅食或者休息时，时常会有一只灰鹤负责警戒。

灰鹤迁徙时，多是集群迁徙，一个队伍多达四五十只。它们振翅缓慢而有力，尤其善于长途高空飞行，常呈“V”字形编队。

这只灰鹤，很可能是落单了。

夜色越发浓重。站在稻田里的灰鹤，将喙朝上，昂起头颈，向着天空发出一阵又一阵低沉的“karr”声。这声音回荡在寂静的荒野上，让人多多少少想起古人所说的“鹤鸣于九皋，声闻于野”吧。

夜色彻底淹没了荒野，镜头里的灰鹤慢慢没了身影，但那一声又一声的“karr”声，越发高亢而持久，有一种让人无可抗拒的穿透力，仿佛号角声，又如同呜咽声，在荒野上回荡着……

野鸟朋友圈

灰鹤

有朋友说我们飞行的时候没有腿，这里我要澄清一下：确实没有。

……

哈哈，开个玩笑，怎么可能没有腿！那只是我们的生存智慧之一。就像人类说“寒从脚起”，飞行时我们为了防止大长腿长时间暴露在寒冷的空气中，就会把腿脚折叠到腹下，这样就可以避免身体热量散失过快，从而能够在寒风中飞得更久。

1小时前

❤ 丹顶鹤，白琵鹭，灰鹤，斑头雁

灰鹤：你们真聪明，怪不得一天能飞800多千米哩！

斑头雁：妙啊，你们的生存之道都可以开课了。

绿头鸭：赞同楼上，强烈要求灰鹤老师讲讲，你们是怎么做到在鹤中分布最广、数量最多的。

灰鹤回复绿头鸭：哈哈，正好我在觅食、寻找栖息地和集群活动方面都小有心得，既然这么多朋友想知道，那我先做个小调查，看看你们对我了解有多少，再确定分享内容。大家知道我们主动往身上抹泥的原因是什么吗？

_____：____________________

_____：____________________

池鹭像披蓑衣的“钓鱼翁”

雨终究是停了。

岭南的雨季绵长，一旦下起雨来，好像很难盼到雨停的时候。这一场场雨，将我们“隔”在家里有一段时间了。

雨一停，我便想带孩子到野外走走，于是一家人开车到了崖口村。这里有一片绿油油的稻田，像极了灵界村的稻田，长满了稻穗，也长满了诗意。

稻田的不远处，就是出海口。看水稻，也看大海。海浪翻滚，海风轻抚，大家坐在海边的餐厅里吃午饭，倒是很惬意。

这时候，我们看见一只大鸟停落在一个木桩上。木桩挺立在海里。此时，正在涨潮，海水不断地涨呀涨，很快就涨到了餐厅的围墙脚下。我们伸出头，就能看见海水起起落落，冲刷着墙脚。

“那是白鹭！”4岁多的小儿子何念惊呼道。刚才在稻田边教他认识了白鹭。

“噢，不，宝贝，那是池鹭。”我一眼就望见了木桩上的池鹭。那是一只非繁殖期的池鹭，因为有白色的腹部和飞羽，确实很容易与飞行时的白鹭混淆。

但是，这只池鹭背部是褐色的，就连头、颈和上胸的纵纹也是褐色的，稍为仔细观察，倒也不算太难辨认。

要是遇到繁殖期的池鹭，就更好认了。那时，池鹭的头和颈部都是泛着红光的深栗色，胸背则为酱紫色，十分漂亮。

“啊，池鹭在捕鱼。”在一旁的何响还是很细心的，听到了我与弟弟的对话，知道那是池鹭。

我的余光也瞥见了池鹭捕鱼。它一头扎进了水里，眨眼间就叼起了一条小鱼，折返到木桩上。许是我们的声音惊扰了池鹭，它迟疑了一下，还没来得及吞食小鱼，就往海岸对面的红树林飞去，然后轻轻停在树枝上。

我们的目光追随着它，它附近的枝条上停着好几只鹭鸟。其中，还是大白鹭和白鹭更显眼，苍鹭也算容易分辨。那只池鹭混在其中，简直就是“小弟”。

这个季节，鹭科野鸟已准备进入繁殖期，池鹭很可能会跟白鹭一起在这一片茂密的红树林里营巢。它们的巢呈浅圆盘状，多由竹枝、树枝或者菝葜（báqiā）藤织成。有意思的是，池鹭的蛋呈蓝绿色的椭圆形，如猫眼石般漂亮。

我举着望远镜，紧紧盯着池鹭。它三下五除二就将小鱼吞食了，然后又折返到木桩上。那里视野开阔，更易于捕食。

我不自觉地压低了声调，生怕再次惊扰了池鹭。

池鹭静静地停在木桩上，此时的它翅膀收了起来。深褐色的体羽让它看起来越发像一个披着蓑衣的钓鱼翁。接下来的时光，它捕它的鱼，我们吃我们的饭，但愿下次过来，我们还能相遇。

野鸟朋友圈

池鹭

实在是忍不了了，我怎么这么勇敢、热情、聪明、专心、帅气啊，人类那些美好的词汇难道都是用来形容我的吗？

32分钟前

♥ 白鹭，牛背鹭，黑水鸡

夜鹭：自恋的呆瓜，每天站在池塘边照镜子还不够，还要跑到人类的领地炫耀。

池鹭回复夜鹭：我可不是呆瓜，站在池塘边时，我是在静静捕鱼，跑到人类领地是为了找食物。不像你，整天乱跑，到处玩cosplay（角色扮演），哼。

黑水鸡：你站着不动怎么可能看到旁边的猎物嘛，真是大笨蛋。

池鹭回复黑水鸡：我聪明得很，我可是旋目之鸟，旋目你懂吗？

黑水鸡回复池鹭：不懂……求解。

______：______________________________

______：______________________________

中杓鹬飞行时跌跌撞撞如醉汉

还是那一片藕塘，还是那一群鹬科野鸟，还是我与蟑螂老师。

站在这样的荒野上，聆听这样的荒野之声，我仿佛在与大地的脉搏共振，深切感受着自然那深邃而又神秘的力量。

“好像都是一样的鸟呀！”我低声咕哝一声。

“再仔细观察，这里又有一只不一样的，看到了吗？”蟑螂老师总是笑呵呵的，始终专注于这一群鹬科野鸟。

“不都是鹬科野鸟吗？”

“都是鹬科野鸟，不过，这一只是中杓（sháo）鹬，跟白腰杓鹬不太一样。”

顺着蟑螂老师指向的地方望去，我还是分辨不出到底哪一只才是真正的中杓鹬。

于我而言，要想在一群鹬科野鸟里将中杓鹬、白腰杓鹬、半蹼（pǔ）鹬、斑尾塍鹬一一归档入册，那真的是太——难——了！

“就在这里，就在这里。”蟑螂老师用手指着摄影机的显示屏，这下我才发现，原来这只灰褐色的，有着长长的喙的野鸟就是中杓鹬。

中杓鹬混在其他鹬科野鸟里，想要短时间将之分辨出来，要诀就是看它的喙。它那细长而下弯的喙，长度大概是头长的1.5倍，而最容易和它混淆的白腰杓鹬拥有更长的喙，长度约为头长的3倍。

“中杓鹬的体型要小些，还有一条浅色的冠顶纹，这两个特征让它跟体型更大的白腰杓鹬区别开来。”蟑螂老师继续指点迷津。

作为一种迁徙到岭南沿海地区的候鸟，中杓鹬在飞行的时候会发出一连串高昂的“滴滴滴滴滴”的叫声，而且声音时常由低至高。

正在我们说话间，藕塘里的一群鹬鸟突然起飞，往另一边的稻田飞去。我们来不及探究鹬鸟受惊的原因，因为我们的目光正停留在中杓鹬的身上。它们此时飞行缓慢，起起伏伏，看上去似乎并不迅捷，甚至有点笨拙。

中杓鹬飞行了一会儿，缓缓地落到稻田里。那里的稻谷刚刚被收割完，地里留着短短的稻秆。中杓鹬灰褐色的体羽，正好与稻秆撞了色，这给我们的观察增加了不小的难度。

好在中杓鹬离我们的位置并不算太远。它们

三五只集成一小群，正在稻田里一边行走一边觅食。稻田的一块低洼处积着些许的浅水。一只中杓鹬正用喙探寻浅水泥滩里的洞穴，可好像一无所获——那些蠕虫恐怕早就被它的同伴翻了个遍。

中杓鹬仍然在稻田里啄食，它们不时发出的一连串清亮悠扬的叫声，在荒野上荡漾着。

这一小群中杓鹬正处在往更南方迁徙的途中。它们在这一片湿地停歇，抓紧时间补充能量。

中杓鹬在飞行的时候，有点像醉汉，跌跌撞撞，在空中摇摇摆摆，不会竭力飞得很高，但也不会跌下来……恰恰因为这样，中杓鹬在长途迁徙时可持续飞很远。

中杓鹬偶尔会选择在晚间起程，在迁徙的时候发出连绵的七音节鸣叫，据说类似于哨音，可惜我们并没有亲耳听见过。

过了一段时间，我们又来到这片藕塘，却一只中杓鹬也见不着了。是的，一只也没有了……

那些匆匆忙忙的中杓鹬，仿佛一辆辆永远在前行的列车。它们出现在这一片藕塘，就像列车停靠某一个站点一样，片刻之后就又要启程了。

那些飞走的中杓鹬好像把我的心也带走了，我一时竟有点空落落的，跟小时候丢失了某件心爱的东西一样让人难受。可是，候鸟也好，人类也罢，终是地球上一个又一个匆匆的过客。只要我们珍惜每一次相遇，这或许就够了。

不是吗？

野鸟朋友圈

中杓鹬

优雅地享用一只螃蟹，往往分为三步：

第一步，去除螃蟹的腿；

第二步，将其肥美的身体一口吞下；

第三步，回味。

40分钟前

♥ 大杓鹬，小杓鹬，白腰杓鹬，灰斑鸻

大杓鹬：第三步必不可少。

螃蟹：无语，有考虑过我的感受吗？

家鸭：这……螃蟹的壳不会影响消化吗？

______：______________________________

______：______________________________

环颈鸻觅食时爱“抖腿”

到达海边的沙滩时，每个人的情绪都像高涨的潮水一般，我们的欢叫声、嬉闹声，仿佛要将海浪声盖住……

这是一次以班级为单位的郊游活动。学校距离海边并不远，大家搭乘班车，穿越一段尘土飞扬的泥路后，便到了海边。

海浪翻滚着，有的同学已卷起了裤脚，赤足踏上了沙滩，向有海水浅浅覆盖的地方走去。

不远处，黑褐色的礁石裸露出来，无言地守在海岸边。海浪一浪

又一浪地涌过来，抱了抱礁石，又跑开了。

我的兴趣显然不在反复翻滚的海浪，而在沙滩上的野鸟，又或者是那些在礁石间爬来爬去的螃蟹，当然，最好能让我遇见一只在海面游弋的海豚。

运气好的话，在雷州半岛的海岸边，目睹一群海豚嬉戏于海面，也不是不可能的事。这次我虽然没能见到海豚，但幸运地遇见了几只到南方越冬的环颈鸻。

环颈鸻就躲在礁石间，背部呈灰褐色，跟礁石几乎同色，拥有堪称完美的“保护色”。每一种野鸟，都有自己的生存技能，保护色便是其中一种。

环颈鸻好似这片沙滩的住客，我的贸然闯入，显然打扰了它。只见环颈鸻抬起头，用一双大眼睛盯着我，一动不动，似乎在说：“这可是我的地盘，你别过来。”

它的大眼睛格外突出，占了整个面部的很大一块面

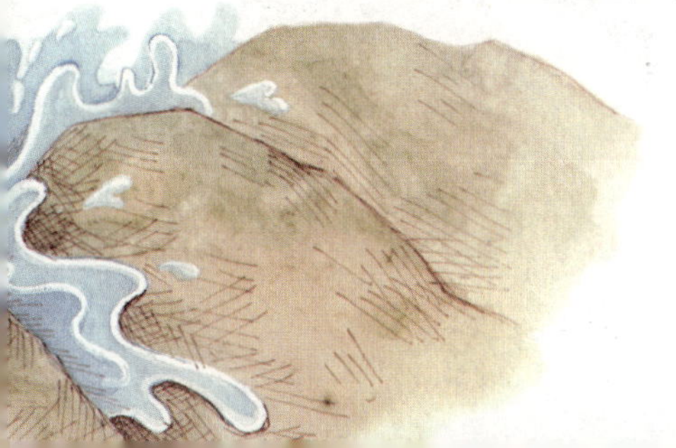

积。恰恰是这一双转呀转的大眼睛，让环颈鸻的视野宽阔，沙滩上任何微小的动静，似乎都逃不过它的眼睛。

我知趣地往后退了好几米，装作若无其事的样子，在沙滩上东挖挖西挖挖。但是，我的余光始终没有离开环颈鸻。

或许环颈鸻也知道，这个孩子并无恶意。它像是发现了什么目标，于是，踩着小碎步，快速地向前奔跑。

环颈鸻奔跑的步伐频率实在太快，我的目光快速追逐着，生怕错过了它精彩的捕食“大戏”。

许多涉禽都有又尖又长的喙，能够轻松地插入滩涂，将躲在泥地里的食物啄起来。但是，环颈鸻的喙实在太短了，最长不过20毫米。于是，环颈鸻演化出了一种新的捕食方式，那就是抖腿。

环颈鸻在沙滩上奔跑了一段距离后，在接近有海水覆盖的地方来了个“急刹车”。我甚至有点担心它因控制不好“车速”而“翻车”呢。

显然，我的担心是多余的。停了下来的环颈鸻并没有直接用喙去捕食，而是在抖腿。

“抖腿干吗？”我正疑惑时，泥面上出现了点小动静，环颈鸻的喙刚伸下去，立刻就啄起了一只螃蟹。

原来，聪明的环颈鸻用抖腿来震动泥地，让那些藏在泥地里的小动物“上当”，等它们探出头来发现“中计”，想要逃脱就为时已晚了。

螃蟹当然不会束手就擒，于是扬着有力的钳

子，跟环颈鸻打斗。尖喙对利钳，在这片滩涂上居然打得不可开交。

我看两者打得正酣，于是跟着走了过去。环颈鸻看见我走了过来，不满地叫了几声，又踩着小碎步，奔向了另一片滩涂。

走近一看，纵然螃蟹顽强御敌，但环颈鸻的尖喙还是啄伤了它的眼睛。我伸手将螃蟹提了起来，没收了环颈鸻的“战利品”，慢悠悠地往同学集中的地方走去……

环颈鸻其实只是暂居在这一片滩涂，等到春天来了，天气回暖，环颈鸻又要起程，返回繁殖地。它的繁殖地遍布我国西北、华北、整个华东及华南沿海地区。到时候，环颈鸻就会在潮湿的地面营巢，借助礁石的掩护产卵。

刚出生的环颈鸻雏鸟身上会布满褐色的斑点，与礁石的颜色极为相近。更为神奇的是，要是有鹰或者鸥盘旋在头顶，雏鸟就会趴在巢里或滩涂上，一动也不动，还真是刚出生就学会了保护自己。

众所周知，在遇到危险时，环颈鸻会“折翅诈伤”，为雏鸟逃生赢得时间，除此之外，环颈鸻还有一种护雏鸟周全的特别方式：当遇到繁殖地的食物匮乏时，环颈鸻会有计划地转移雏鸟，直到找到更好的栖息地。

这种不辞辛劳、为子女着想的母爱或父爱，在鸟类世界同样感天动地。这不得不令我对环颈鸻肃然起敬。

野鸟朋友圈

环颈鸻

我的宝宝们就要学会独立啦，看着它们像小地瓜一样圆滚滚的，别提多幸福了，我的育儿重任暂告一段落！

45分钟前

❤ 翘嘴鹬，青脚鹬，红脚鹬，白鹭

红脚鹬：上次你受伤时正好遇到人类，我正好看见了，可担心死了，真怕你被他们抓回去。

环颈鸻回复红脚鹬：哈哈，放心吧，我根本没受伤，都是装的。

红脚鹬回复环颈鸻：装的？这是怎么回事？

____：________________________

____：________________________

黑腹滨鹬在空中飞行如“鸟云”

雷州半岛三面环海，有着漫长的海岸线。站在海岸的任何一个点，向前奔跑，似乎永远都跑不到终点。

少年时，我格外喜欢奔跑。那时候，时不时就会有莫名的忧愁，像海浪一样扑过来，似乎要将整个人淹没。总觉得，只有奔跑，才能将少年时的忧愁全部抛洒给海浪……

跑累了，我就停下来，大口大口地喘气，任由海风夹杂着咸咸的味道，涌入鼻腔。有时候我感觉难受得像要窒息了一样。

这样的“窒息感”，我后来从一群密不透风的黑腹滨鹬身上也体验到了。冬天，黑腹滨鹬聚集在海面上，一开始似乎只有几只，翩跹着。它们起起落落的样子，仿佛只是在嬉戏，形成一团小“乌云”。不久，远远地，又一团“乌云”涌了过来，与原来的小“乌云”汇聚在一起，使天空中的“乌

云”越来越大。它们在空中紧紧地抱成团，分不清彼此。我甚至替它们担心，在如此密集又如此躁动的“鸟云”里，它们是怎样做到互相不“撞车”的呢？

“鸟云”往低空飞翔的时候，我清晰地听见了它们的翅膀在天空中振动而发出的“飒飒”声，伴随着翻滚的海浪声，此起彼伏，娱心悦耳。

巨大的“鸟云”就像一团烟雾，将整个海面都盖住了。当海水上涨时，夕阳似乎要掉落在海面上，如血的夕阳照着一团又一团“鸟云”，绚烂而辉煌。“鸟云”不断地移动着，时而是这样的造型，时而是那样的造型，每一种造型都随着“鸟云”的起伏而变幻着……

当最后一抹夕阳离开海面，周围似乎一下子就暗了下去。

一只又一只黑腹滨鹬落在海滩上，它们紧紧挨着，试图将每一寸沙滩都占领。那些海洋里的贝类、虾类也许刚从海浪中闯上沙滩，还没来得及喘口气，就被密集的黑腹滨鹬或踩在脚下，或吞进肚里。

是的，在夜幕的笼罩下，黑腹滨鹬似乎才开始在滩涂上寻找食物。它们像所有鹬科的野鸟一样，总会踩着潮起潮落的节奏出来觅食，这也是海岸边经常能遇见黑腹滨鹬的原因。

在冬日见到的那些黑腹滨鹬，它们的羽色上灰下白，在飞行的时候，侧翼或腹部有黑色的斑点，格外显眼。而它们的小腿和看似锋利实则略微钝拙的尖喙都是黑色的。

有一次，我在海滩上见到了一只黑腹滨鹬。它在泥滩上四处跑动，我知道，那是它在觅食。

在湿软的泥滩上行走，其实

是一件艰难的事。不过，作为涉禽的黑腹滨鹬却能在上面闲庭信步。它们喜欢奔跑，沿着泥滩跑跑停停，并且时不时点一下头，用长而尾端轻微下弯的喙在泥滩上划来划去。它们的喙尖有一层柔软的覆盖物，里面布满血液和神经末梢，就像探针一样，既敏感又灵活，因此它们很快就能找到藏身于泥滩里的小动物。

黄昏时站在海岸边，总能目睹最壮观的黑腹滨鹬群。黑腹滨鹬跟许多椋鸟一样，喜欢在暮色四合时聚于空中，然后落在沙滩上，密密麻麻，颇有点“沙场秋点兵”的架势，整齐、肃穆，遵守纪律。

黑腹滨鹬常静默地站立在海滩上，当午夜时分海水开始退去，它们又悄悄跟着潮位，开始了新一天的觅食。

野鸟朋友圈

黑腹滨鹬

虽然我名叫黑腹滨鹬，但却不是不近人情的腹黑少爷，大家可以来找我玩呦！

23分钟前

♥ 环颈鸻，斑嘴鸭，彩鹮

环颈鸻：我做证！它在沙滩上蹦蹦跳跳的，一边跑一边把嘴插进泥地里，特别可爱，大家可别被它的名字吓到啦！

黑腹滨鹬回复环颈鸻：我在忙忙碌碌寻宝藏呢。

斑嘴鸭：什么宝藏什么宝藏？我也去找找！

______：______________________________

______：______________________________

黑水鸡出没在森林公园

这是城市森林公园，植被茂盛，湖泊相连。蟑螂老师在前，我跟在后头，沿着一个又一个湖泊绕呀绕，一路记录着野鸟：鸣禽在树上穿梭，涉禽在湖里奔跑……

我们终于在池塘边停了下来——歇一歇，脚已累得不听使唤。然而，脚是停下来了，眼睛和耳朵却停不下来。

在池塘的低洼处，灌木丛往池面伸展过来，将池水都掩盖了。就是在那个地方，有一串又一串单调的“ge-ge-ge”声传了出来。我们侧耳聆听，

仿佛有一根“线”将这些声音“串”了起来。末了，这一串声音里又突然出现几声短促而具爆发力的“kark”声……这一刻，我们不约而同地断定：这是黑水鸡的叫声！

我们将目光锁定在声音传来的地方。果然，一只黑水鸡从灌木丛里钻了出来，动作与灵界村的鸡从草丛里钻出来一个样。

黑水鸡在水面悠闲地游着，似乎并不把我们放在眼里。这只黑水鸡的喙极为鲜红，末端带有一点点的黄色。黑水鸡幼鸟体色灰不溜秋的，有点像某种鸭子，比较好认。但雌、雄黑水鸡相似，我们并不能一下子分辨出来。

我们干脆架好相机，跟拍眼前的黑水鸡。它通体乌黑，两胁分别有一道明显的白色细纹，尾下覆羽中部为黑色，两侧显现出白色，有点像白骨顶。但是，白骨顶的喙是白色的，黑水鸡的喙是红色拼接了黄色，倒也不容易混淆。

“以前，森林公园里是有一群黑水鸡的，不知为何，似乎都飞走了。”蟑螂老师持续记录过森林公园的野鸟，对这里的物种了如指掌。

这只黑水鸡并不惧人，离我们只有一米左右。它在池塘里游着，偶尔还会跳上池塘中央的石头，在那里梳理羽毛。梳理完后，黑水鸡又下了水，继续绕着小小的池塘游呀游，尾部偶尔会轻轻抖动一下，露出尾翼的两大块白色。

因为它名字里有一个“黑”字，我总以为黑水鸡的羽毛就是纯黑色的。没想到，当我拿着相机，不断拉近镜头时才发现，它的羽色其实混合着蓝、紫、黑、深棕等色调，在黄昏的映衬下，呈现出来的，似乎更多是蓝黑色。

夜色越发浓郁，黑水鸡将身子隐入池塘边的灌木丛里，再也寻不着踪影。停在棕榈树上的池鹭好像也将翅膀全收了起来，就连头也埋进了翅膀里……刚刚还看见的几只长尾缝叶莺仿佛也不知所终。

就在一瞬间，森林公园里的一切都变安静了。暮色中，众鸟翅膀拍打枝叶的声响，以及它们偶尔响起来的啁啾声，让这个世界显得更为静谧，也显得极为美好。

这一处森林公园其实就在城市的边缘。出了公园，便是车水马龙，这里还谈不上是真正的荒野，但此时我们身处的世界宛如荒野。置身于这样的世界里，恰如西格德·F. 奥尔森在《低吟的荒野》里写的一样——

我们中的大多数人都远离荒野，……可是，有些其他形式的声音或许不是那么微妙，却依然能够带给我们自从远古以来一直令人类激动的那种同样的情感。……此类声响之所以极富吸引力，是因为它们与人类的背景紧密相连。

野鸟朋友圈

黑水鸡

“这家伙是鸡？鸡怎么会潜水？”

“是鸭子吧。”

“可它长了鸟喙呀。”

今天在池塘边听到几个人类朋友的对话，真是令鸟伤心，给我和我的同类起了名字，却不知道我到底是什么，唉。

25分钟前

♥ 白骨顶，白面水鸡，紫水鸡，仙鹤

池鹭：你们的名字真的很有迷惑性呀，叫黑水鸡却不是鸡。

黑水鸡回复池鹭：其实我的小名叫红骨顶，和好友白骨顶一样，都是鸟纲、鹤形目、秧鸡科的，这名字就好听多了吧。

仙鹤：说起来，你和我还是亲戚呢。

黑水鸡回复仙鹤：是啊，您仙风道骨，我太崇拜啦。

绿翅鸭：你还有其他同类也用鸡命名不是鸡吗？评论区集个合，这样大家就都认识啦。

______：______________________________

______：______________________________

下辑

游禽野鸟

游禽的生活习性深受水生环境影响。它们特有的扁平足部以及趾间的蹼，使得它们能轻松地游泳和潜水，它们也偏爱在水上栖息；它们的嘴部形态各异，有的适合过滤水中的食物，有的则擅长挖掘或捕捉猎物。

虽然游禽在陆地行走的时候稍显笨拙，在空中飞翔却极为迅捷。这些水中精灵或为雁形目，或为潜鸟目，或为鹈鹕目……在季节的轮回里舞动着生命的韵律。

红嘴鸥是大海的精灵

一群红嘴鸥停在电线上，将整条电线压得低沉下来。站在寒风萧瑟的荒野上，我甚至有点担心那根电线会不会断裂……

这时候的红嘴鸥，是到岭南地区越冬的。它们身披非繁殖羽，羽毛如灰雪，白里透灰，远远一望，有如一堆堆雪积在电线上。

近了，近了……我尽量放轻脚步，但身体不听使唤，肩膀抖个不停，牙齿上下颤动——天出奇的冷。

这些天寒潮突袭，气温已降到了5摄氏度，又飘着细雨，裹着厚厚的羽绒服似乎也不管用。这时

候，我在望远镜里看到了红嘴鸥的耳边还有一点灰黑色斑，像是哪位画家作完画后还意犹未尽，便随手点一滴稀释后的黑色笔墨，点缀了整个灰白的画面。

近了，又近了……红嘴鸥似乎并没有发现我。我的呼吸也均匀了一点，仿佛身体里涌动着一股暖流。那是因为见到红嘴鸥感到激动吧？我想。

望远镜里的红嘴鸥身上竟然还有四处黑色调：眼睛、喙钩、翅尖、尾尖。这么看，那一堆“灰雪”里藏着的灰黑不止一点。这可能不是画家随手的点缀，而更像是精心谋篇布局的巧思了。

其实，灰白和灰黑都不是红嘴鸥在色彩上的主题。它的主色调在于嘴和脚，那是直奔主题的鲜红色，是让人过目不忘的鲜红色，是生命激荡的鲜红色。

我一一数着电线上的红嘴鸥。可是，由于视线几乎与电线平行，始终数不出具体的数来。我调整了一下观察的位置，重新数着。

一只、两只、三只……数到差不多第三十只时，几只红嘴鸥抖动了几下翅膀，呼呼地飞了起来。它们绕成一个椭圆形的大圈飞翔，绕了几圈，又落到电线上。

我的目光追随着这几只红嘴鸥，看着它们在空中搏击寒风，无所畏惧。红嘴鸥虽只是中型鸥类，但尾羽如扇，翼展如席，从天空划过，随风翩翩，那是怎样的自由惬意呀。

待我的目光再回到电线上，刚才到底数到多少，已然忘了。只是，红嘴鸥在空中上下翻飞的雄姿，那属实是让人赏心悦目、刻骨铭心的。

这片湿地距离海岸不到两公里。我的脚步不能再向前了，否则很容易惊扰红嘴鸥。

也许，海岸那边，也有红嘴鸥。于是，我向着海岸的方向走去。

才走了大约一公里，远远地，海浪声就传了过来，一声紧过一声，仿佛在热情地召唤我。

这是我熟悉的海浪声。它的声音粗犷，有一股魔力，又有一种震慑的力量。

近了，近了……我看见几只红嘴鸥在海面上盘旋，一圈一圈地飞。它们最喜欢在海面上飞翔了，上天给了它们一对又尖又长的翅膀，使它们不仅善于飞行，也善于游泳，还能在海面漂浮……飞行的时候，红嘴鸥常会欢叫，急促又含糊，嘎吱嘎吱的，像是欢笑声。

我站定在海岸边。近处，五只红嘴鸥聚在海边的礁石上，有的在梳理羽毛，有的在打盹，有的在张望……它们羽色灰白，与礁石的灰黑色形成了鲜明的对比。

远处，在汹涌的海浪声里，正在飞翔的红嘴鸥发出一声又一声长而尖厉的“啊啊”声。它们似乎飞得并不太快，张开扇面一样的翅膀，像是悬浮在空中，俯瞰着海面。

这么观察，我甚至觉得，红嘴鸥正穿着灰白色袍服，巡视着大海，守护着大海。它们是大海的精灵。

突然，一只红嘴鸥扎进了海里，眨眼的工夫，它已叼起一条小鱼。好一个“钓鱼郎”！可谁也没想到，旁边几只红嘴鸥也赶了过去，开始抢夺小鱼。那只红嘴鸥左突右冲，无奈同伴一直下嘴抢夺。争夺间，小鱼奋力挣扎，逃脱出来，掉回海里，不见了踪影……

野鸟朋友圈

红嘴鸥

“活着是为了什么？”

“去码头整点薯条。”

这可不是我说的！请大家区分海鸥和红嘴鸥。相比于敢从人类那里“零元购”的海鸥，我最明显的特征是红色的嘴和脚，而且我可老实多了。

2小时前

♥ 绿头鸭，鸳鸯，夜鹭

绿头鸭：真的吗？那昆明滇池湖畔的面包可归我了啊。

红嘴鸥回复绿头鸭：嘴下留情，给我留点！

绿头鸭回复红嘴鸥：放心吧，昆明的人类专门采购鸥粮、定点投喂，饿不着你这张昆明名片的。

鹦鹉：我的人类室友说你还会戴黑色头套，超酷的！

红嘴鸥回复鹦鹉：哈哈，那是我们的繁殖羽啦，表示我们已经长大，准备进入繁殖期。而且我们不止头部会变色，还有两处也很明显呢。

鹦鹉回复红嘴鸥：真有意思，是哪两处呀？

______：________________________________

______：________________________________

斑嘴鸭佩戴着一块宝石

没有阳光的冬日，杂草枯，树叶黄……那些映入眼帘的事物，似乎都是暗淡的，像是在眼前垂着一层膜。走进深冬的岭南，竟然也让人产生了一种荒芜的感觉。

这些天，气温实在太低了，冻得人直哆嗦，连荒野的树呀草呀也哆嗦着。纵然这么冷的天，我们仍然决定去湿地观鸟。

湿地空旷，冷风嗖嗖。刚下车，整个人就抖个不停。四周的冷风吹动草木，发出“沙沙”的声音，好像在窃窃私语。

我们站在湿地边，目之所及，一片荒凉。

“连一只鸟的影子都没有。”我不自觉地咕哝了一声。

“呱——呱——呱！”我的话音刚落下，池塘边上便传来一阵急促的鸟鸣声。

蟑螂老师许是早有准备，将摄像机对准了池塘，按下快门的瞬间，两只斑嘴鸭正好出现在了镜头里。

斑嘴鸭的整个身子圆蓬蓬的，也许是冬风吹蓬了羽毛，也许是实实在在的胖……它们一前一后，站在冷冰冰的池面上。池面有的地方干涸，有的地方湿润。斑嘴鸭一会儿在干涸的池面踩来踩去，一会儿又往湿润有水的地方走去。末了，干脆将整个身子都趴在水上了。

“不冷吗？”我又不自觉地嘀咕了一声。

“野鸟会将尾脂腺分泌的油脂涂抹在全身的羽毛上，这样的话，冷水就不会浸湿身体。”蟑螂老师笑了笑，但他的身子好像也颤了颤。显然，荒野实在太冷了。

蟑螂老师的话音刚落，斑嘴鸭在冷水里也抖动了一下翅膀，水溅了起来。我的身子也不自觉地跟着颤动了一下，愈发觉得冻彻心扉。

斑嘴鸭好像在浅水里嬉戏。我们在望远镜里看到了它们最具戏剧感的部位——像极了京剧脸谱的脸孔。

整个池塘，看上去本就了无生机，加上斑嘴鸭的体色也呈深褐色，在灰色的冬季，一切仿佛都是沉闷暗淡的。

事实上，斑嘴鸭灵动得很。它们的身子披着浓密的、扇贝形状的羽毛，足以抵挡寒风。再仔细观察，我们很快发现了斑嘴鸭的嘴上有一块明黄的色斑，这是斑嘴鸭最鲜明的标签。

才观察了没多久，不知为何，斑嘴鸭突然向池塘另一边飞去。在起飞的瞬间，可以清晰地看见它们的羽翼有一小撮

金属般的蓝紫色，在翅膀挥动的时候特别显眼，仿佛是镶嵌了一块多棱的蓝紫色宝石。

在岭南地区，大多只有秋冬季节才能观察到斑嘴鸭。它们多是来自遥远的西伯利亚，又或者是我国东北部。这些斑嘴鸭到南方越冬时，时常出现在沿海湿地里。

这两只斑嘴鸭是什么时候到达这一片湿地的，我们没有确切的记录。因为，斑嘴鸭有时候也混居在绿翅鸭、琵嘴鸭群里，多多少少给我们增加了辨认的难度。

有意思的是，纵然斑嘴鸭的繁殖地多在欧亚大陆北方，或者在我国华东、华中及西南大部分适宜的生境里，但华南地区陆续也有了包括斑嘴鸭在内的留鸟的记录，且这些斑嘴鸭留鸟种群呈扩大趋势。

比这个更有意思的是，斑嘴鸭还是中国家鸭的祖先之一，也是最普通、最接近家鸭的野鸭族群之一。难怪总有人在看见斑嘴鸭的时候，就远远地喊：“鸭子，鸭子！捉一只回家！”

其实，那是野鸟，捉不得，捉不得……

野鸟朋友圈

斑嘴鸭

提醒各位同伴，几公里外有一个家鸭养殖场，千万不要过去呀。很多人类分不清野鸭和家鸭，万一被捉住了很危险。

56分钟前

♥ 绿头鸭，绿翅鸭，赤麻鸭，针尾鸭

赤麻鸭：非常赞同，在公园听到有人说我们像可口的面包，害怕！

绿头鸭：家鸭是人类驯化野鸭培育出来的，光是在中国就有30多个品种，有些跟我们长得非常像。呼吁各位野鸭，不要去家鸭群居的地方冒险！

斑嘴鸭回复绿头鸭：说起来咱俩还是家鸭的祖先呢。

鸳鸯：虽然同为鸭科，但你们野鸭不同品种间会杂交，诞下有新特点的杂交鸭，对我来说分辨起来真有难度啊。

斑嘴鸭回复鸳鸯：提示一下，看嘴、眼贯纹和翼镜，能找出不同吗？

______：______________________________

______：______________________________

小䴙䴘“水上漂”如轻功

春天一到，鸣禽在枝叶间欢呼雀跃，游禽在河岸间神出鬼没。那一连串尖利的“ge-ge-ge”颤音，是小䴙䴘宣示领地的叫声。

我们到金钟湖公园观鸟，那里有一片宽阔的湖泊，时常栖息着一些游禽。它们或是住客，或是游客，有时为了争夺领地而大打出手，甚至头破血流。

在一处湖面上，我们很快就发现了一只小䴙䴘。它将头往后转，用喙不停地梳洗着自己的羽毛，同时将尾脂腺分泌的油脂涂抹到自己的羽毛

上……之所以这么做，是因为小䴙䴘担心水会将羽毛打湿。有了这些涂上油脂的羽毛，就像人有了挡雨的油纸伞，自然放心得多。

在岭南地区的水库、池塘、湖泊等湿地生境里，想要遇见小䴙䴘并不是一件难事。小䴙䴘小巧玲珑，就像一只小鸭子，尾短、翅短、腿短，整个身子看起来呈椭圆形。仔细观察，我们可以发现，它的羽毛是绒羽，松软如丝，远远望过去，就像水面上一只浮动的毛葫芦。

小䴙䴘似乎没有太多的本事，但十分擅长潜水，能够一口气潜泳到很远很远的地方……

少时在灵界村，我喜欢站在

水库的岸边，一直盯着小䴙䴘。它仿佛是在跟我捉迷藏，刚刚还在水面游呀游，一眨眼，它就潜入水底，过了好久好久，还不见影子。在我快要急哭的时候，小䴙䴘才从远处的水里拱出头来，还不忘甩甩脑袋上的水珠，似乎在喊："我在这里，我在这里呢……"

小䴙䴘可不只是潜水厉害，它还能轻而易举地在水面迅速滑走，就像身怀绝技的武林高手，在水面行走如风。

这样的绝技得益于小䴙䴘的一双瓣蹼足，它的脚趾两侧有宽大的叶状瓣膜，瓣膜并不像鸭子那样将脚趾连在一起，每个脚趾都是分开的，这是水鸟适应游泳的特化。

此时此刻，我们正盯着眼前的小䴙䴘。突然，天空出现了一只普通鵟（kuáng），在湖面的上空盘旋着。小䴙䴘一个猛子扎进了水里，在水里潜游了很长一段距离后，才从湖面的另一边冒出来，简直是神出鬼没。

从湖面冒出头的小䴙䴘悠闲地游弋着，而湖面上空已无普通鵟的身影。我们似乎明白了什么，小䴙䴘刚才的潜水恐怕是在躲避来自天空的天敌。

几乎每一次观察，都有不同的收获。这种拥有“水上漂”技能的游禽，一次又一次出现在我们的视野里。最精彩的一次，是两只小䴙䴘在水里打架——

小䴙䴘在打架前，有时候也像人类一样，先动口，制造一点声势，或为壮胆，或为吓唬对手。

声势不能奏效的时候，小䴙䴘就发动进攻了。只见一只小䴙䴘冲过去，用尖嘴拼命地啄对手，有时候嘴与嘴还咬在一起，翅膀拍动着水面，水花乱溅。

在湖水里打架，简直就是乱战。水花四溅时，根本分不清谁是谁，水花声、嘶鸣声，一声紧过一声……“躲”在岸边不远处的我，盯着水面，也分不出谁输谁赢。

过了一阵，只见一只小䴙䴘落荒而逃，另一只小䴙䴘成为赢家，得意地扬着头。看来，这种体型粗短又矮小的小游禽，也不是好惹的呀。

捍卫了领地后，小䴙䴘也没有闲着，反而显得更忙了。它一次又一次潜入水底，或空嘴而归，或囫囵吞鱼。这一次，小䴙䴘的运气显然不错，逮到了一条大鱼。

我们站在岸边，将湖面的一切尽收眼底。我们都以为小䴙䴘会马上大快朵颐，不料，它叼着战利品，趾高气扬地在湖面玩起了“水上漂”，一连绕了好几圈，将水面踩得哗哗响。

我们以为小䴙䴘炫耀完，就该吞食大鱼了。可是，我们又猜错了。小䴙䴘游呀游，游到湖的另一边，将大鱼献给了雌鸟。

雌鸟大大方方地伸出短喙，将大鱼接过，一下子就吞了下去。献鱼的小䴙䴘仿佛得到了雌鸟的认可，高兴地在湖面打着滚，还不停地鸣叫着，整个湖面荡漾着欢乐的歌声。

这是湿地里生物繁衍的序曲，也是大自然生生不息的主旋律。

野鸟朋友圈

小䴙䴘

人类朋友好奇怪呀，他们常常举着大家伙（好像是摄像机）拍我，到底是为啥？

22分钟前

♥ 黑水鸡，白骨顶，黑天鹅

黑水鸡：因为你们的巢筑在水面上，在鸭群中显得很特别呀。

小䴙䴘回复黑水鸡：可我……本来就不是鸭子，我的脚趾是瓣蹼，和鸭子完全不一样呢。

黑水鸡回复小䴙䴘：那可能是因为你们一家人太温馨啦，人类也很羡慕呢。

鸳鸯：因为你们的求偶之舞太滑稽了，哈哈哈！

黑天鹅回复鸳鸯：勾起了我的好奇心，这舞是怎么跳的？

______：______________________________

______：______________________________

绿翅鸭垂直升空跃入天边

在南朗泮沙的一片荒草地上，草色枯黄，有一株直茎蹿得老高，上面停着一只棕背伯劳。它或许正在狩猎，又或者正在歇息……

湿地寂静。

冬日的风吹过，并不冷，反而有一种温暖的感觉。这种温暖，是自然给予的温暖，是内心深处溢出来的温暖。

倒是麻雀叽叽喳喳的，去到哪里，喧闹到哪里，仿佛一刻也没有消停过。正因为有麻雀的渲染与调和，湿地的寂静，才不是死一般的寂静，而是

“众鸟高飞尽，孤云独去闲”的幽静，又或者是“空山不见人，但闻人语响”的宁静。

跟麻雀不一样的是，在草地另一边栖息着的一群绿翅鸭，它们安静多了。在望远镜里，我们看见大部分的绿翅鸭都浮在水面上，你挤着我，我挨着你，看不出什么队形，有点杂乱无章。还有几只绿翅鸭，趴在高低起伏的草地上，干脆将头埋在背上，一边晒着太阳，一边打盹儿，构成湿地里一幅闲适的画面。

风继续吹，像轻音乐的节奏。我们通过镜头数着绿翅鸭，又或者一一辨认雌鸟与雄鸟。这是观鸟时最简单的乐趣。

似乎是雌鸟更多。因为镜头里，那些绿翅鸭多是棕褐色的体羽，头部的颜色也浅，而且有深色贯眼纹。与雄鸟相比，这外表显然朴素得多，跟这片荒地的枯草色倒是极为相近，能让它们更好地躲过天敌的围猎。

余下几只雄鸟的颜色明显比雌鸟艳丽，好认得

多，它们简直就是“小而美”的典范。雄鸟从头部到颈部都是红棕色，眼周至颈侧还戴着一个镶金边的绿色宽“眼罩”，“眼罩”处的羽毛呈现出波浪般的鳞纹。

此时，一只雄鸟正将双翼收拢起来，停在水面上。我们可以清晰地看见，它的翅膀下方有一条白色的条带，它的上背、肩到肋部又有黑白色的鳞状细纹，其身影倒映在水面，在阳光照耀下，闪闪发光，格外醒目。

也许正值午休时分，绿翅鸭或一动不动地晒太阳，或漫不经心地梳理羽毛。偶尔有一两只岸上的绿翅鸭扑到水里，很随意地洗一下澡，三五秒的工夫，又回到了草地上……

草地的边上垒起了一条条不高不低的垄，那里种着香蕉。由近及远，纵向望过去，便是一片香蕉林；横向望过去，正是这一垄又一垄的香蕉林，将这一片荒草地隔成一块一块的。

这一处草地上，停歇的是绿翅鸭；那一处草地上，停歇的似乎是鹭科野鸟……难道，这些湿地野鸟也会划分地盘吗？

我们不得而知。

我们在这片荒草地上观察了一个多小时，站得腰酸背痛。正准备换一个地方时，上千只绿翅鸭突然起飞，先是贴着草地，然后几乎是垂直地升高，

跃入天空，高声鸣叫着，一会儿是“咻——咻——”的哨音，一会儿是“呱——呱——呱”的粗哑叫声。它们在半空中打了几个旋后，又降落到另一边无人打扰的草地上……

这正是绿翅鸭的典型行为。

我们马上取消离开的计划，又悄然跟了过去。这时，我们在望远镜里，发现几只绿翅鸭倒立着身体，将整个头部都埋入水中。

绿翅鸭正在捕食。

在草地边上的泥浆里，也有几只绿翅鸭在啄着什么。显然，这时候的绿翅鸭活跃了起来，也许到它们觅食的时间了。

如今在冬季，岭南的湿地里，绿翅鸭显然多了起来。在开阔的出海口，又或者荒芜的草地里，它们聚成一群，鸣叫着，像一曲又一曲嘹亮的哨声，又像抑扬顿挫的鼓点，响彻整个荒野……

野鸟朋友圈

绿翅鸭

是我的繁殖羽不够鲜艳，体格不够强壮，还是求偶动作不够优美？怎么今天遇到的雌鸭都不搭理我？

38分钟前

♥ 绿头鸭、中华沙秋鸭、鸳鸯

池鹭：有没有可能是雌鸭识破了你的伎俩？我记得你去年求偶成功后，趁雌鸭忙着孵卵，悄悄换了一身斑驳黯淡的羽毛离开，然后一去不复返啊。

绿翅鸭回复池鹭：你这么一说，这只雌鸭还真像去年那只！不过你可不能用人类的道德观审视我，我们有自己的习性。

鸳鸯回复绿翅鸭：赞同你最后一句话。我们的天性无关人类的道德，不过人类还是喜爱所谓的“忠贞之鸟”。

绿翅鸭回复鸳鸯：敢问有哪些同伴上了人类“忠贞之鸟”榜单？

______：______________________________

______：______________________________

白骨顶在鸟界出了名的好斗

冬日的夕阳开始西斜，站在湿地里的我们，仍然感觉得到一点点残余的温暖。夕阳洒下来，整个湖面像铺了一层层金箔，让人情不自禁地想起白居易的诗句“一道残阳铺水中，半江瑟瑟半江红”。

我们正在池塘边拍摄湿地野鸟，突然，一个人骑着一辆轻便的摩托车从坡上冲下来，然后在池塘边来了一个急刹车，放下边撑将车停稳，整个动作行云流水。

是一个模样憨厚的小伙子。之后，他驾驶小船，给对岸的鸡群喂食，也给池塘的鱼撒一些饲料。

就在小伙子撒饲料时，蟑螂老师惊叫了起来："快看，骨顶鸡！"他很少有这样的激动。

"什么鸡？"

"骨顶鸡，也叫白骨顶，一种中型游禽。"

我举着望远镜，在池塘水面扫来扫去，很快就发现一群像小野鸭的鸟在水面优哉游哉地游弋着。要不是蟑螂老师为我科普，我还以为这是小䴙䴘呢。

白骨顶是秧鸡科的野鸟，喜欢在开阔的水面游泳，尤其喜欢流速缓慢，又有芦苇、三棱草等挺水植物的水域。显然，这片池塘是它们中意的栖息地。白骨顶几乎是一字排开，由池塘的西面游向东面。有意思的是，它们游泳的时候，还不忘点点头，难道是在啄食吗?

我通过望远镜观察着，数来数去，好不容易才数到第28只，却被它们突然改变的队形打断了。它们通体黑色或暗灰黑色，只有额甲和喙是白色，倒是挺好认的。恐怕英语中的习惯用语"as bald as a coot”（头秃如白骨顶）就是这么来的。

在这群白骨顶的旁边，还有好几只小䴙䴘，两种游禽混在一起。到了冬季，白骨顶时常会集群活动，尤其会和各种鸭类混群，稍不注意就会错过它们。

白骨顶正游着，小船也往它们的方向驶去。这时候，前头的几只白骨顶纷纷在水面助跑了一小段的距离，然后扇动双翅，发出几阵呼呼声，就飞了起来。

后面的白骨顶以为有什么警报，也纷纷展翅起

飞，整个湖面一阵骚动。旁边的小鹛鹛干脆直接潜入水底，一下子就没了踪影。白骨顶并没有飞远，很快又落到了岸边，有几只还钻进了芦苇丛里，也没了影子……

我再次见到白骨顶的场面更加有意思。两只白骨顶为了争夺领地而大打出手。要知道，白骨顶在鸟界是出了名的好斗。

先是一只白骨顶发出一阵又一阵爆破式的“ka、ka、ka”单音节叫声，乍一听，还以为是有人用铁棍击打石头发出的一种闷响。显然，这是白骨顶在警告对手，以此来捍卫自己的领地。

另一只白骨顶似乎不为所惧，还是一步一步逼近。先前发出警告的白骨顶怒不可遏，直接冲过去，伸出带蹼的爪子，开始攻击对手。

这时候，整个湖面水花乱溅，叫声此起彼伏。斗争不是一般的激烈，难分难解。战斗大概持续了十分钟才分出胜负，战败的那只白骨顶灰头土脸地溜走了……

认识了白骨顶后，我发现似乎遇见它们也不是一件太难的事。在岭南，白骨顶算是留鸟，虽然偶尔也会随气候和食物的变化进行短距离的迁徙，但是它们始终在水生植物茂盛的淡水水域生活，又或者藏匿在近海的水域。

白骨顶是湿地生境里颇有魅力的居民。它们给湿地带来的，不只是惊喜，还有很多，很多……

野鸟朋友圈

白骨顶

都说我长得阴暗，那我今天就再讲个残酷的故事吧。在我们白骨顶家族里，成鸟为了提高后代的存活率，有时会偷偷将蛋产到别的白骨顶的窝里。此外，幼鸟出生后，除了要小心天敌，还要提防父母，因为成鸟会欺负甚至杀死一些过于弱小的幼鸟。最终成功长大的幼鸟都是幸存者。

52分钟前

♥ 黑水鸡，红隼，杜鹃

鸳鸯：天哪，你在我心中的形象更加“阴暗”了！

白骨顶回复鸳鸯：咱们半斤八两吧，你把巢搭在树洞里，幼鸟出生后要自己从高高的树上跳下来，这不残酷吗？

鸳鸯回复白骨顶：嘎，人类管这叫“物竞天择，适者生存”。

红嘴鸥：你们头部的羽毛那么纯洁，像人类贵妇的白帽一样，想不到竟然这么阴险！

白骨顶回复红嘴鸥：额，你确定我的“白帽”是羽毛吗？

______：______________________________

______：______________________________

斑嘴鹈鹕组成“轰炸机编队”

少时的我正在稻田里插秧，稻田那边传过来一阵“哞哞”声。我直起腰，抬头看见我家的老黄牛正低着头，狼吞虎咽地吃着青草。

“哞、哞……”又是一阵叫声，像极了牛叫，却不是我家的老黄牛。正纳闷时，天空中飞过一只巨大的鸟，展翅宽度目测有一米多。

“天啊，恐鸟吗？”我的嘴张成了一个巨大的“O”形。

“这么大的鸟，它可能是飞往水库那边了。”父亲也抬起了头。这只巨大的鸟，很快就消失在我们的视野里。

“它的喙很长，颈也长，翅膀也长，太恐怖了。”我还是第一次见到这么大的野鸟在空中飞翔呢。

“尾巴倒是挺短的。”父亲轻描淡写道。

“我还没来得及注意它的尾巴呢。”我因刚才的不淡定感到懊恼。

少年时，在灵界村的山坡上、田野里、林地间奔跑，时不时会遇见一些奇禽异兽。其实，我并不知道它们的大名，就算认识，通常也是以乡下的俚语称呼它们。像这只飞过少年头顶的大鸟，后来我才知道，很可能是一只斑嘴鹈鹕（tíhú）。

斑嘴鹈鹕多栖息在海岸、河口、湖泊，又或者是沼泽等地带。它们以鱼类为主食，是许多鱼类的噩梦。正如《庄子·外物》所言——

鱼不畏网，而畏鹈鹕。

这种斑嘴鹈鹕现在已经很少见了。我再次遇见它们的时候，是在广州南沙的湿地公园。

斑嘴鹈鹕被称为“水鸟中的轰炸机”，它们经常集成小群，组成“轰炸机编队”，在湖面上排列成队，围成一个巨大的包围圈，一起游动，用宽大

的翅膀奋力拍打水面，再慢慢收缩包围圈，将水里的鱼赶到浅水区……

这时候，斑嘴鹈鹕似乎认为这些鱼已是“瓮中之鳖”了，像突然收到谁的号施令一般，一齐将头部埋入水中，大张喉囊，仿佛要把整个湖里的鱼都吞进去。

有时候，捕到的鱼太多了，以至于斑嘴鹈鹕连嘴都合不拢，于是只能抬起头来，将整张嘴举得高高的，防止这些鱼跑掉。此时，它的喉囊就像一个巨大的漏斗，一抖一抖的动作似乎是在调整食物的位置，让它们慢慢“漏”到喉囊里。

斑嘴鹈鹕的喉囊简直就是一个巨大的粮仓，能将大量的食物暂时储存在里面。这么一说，斑嘴鹈鹕的生活似乎蛮富足的。

要是落单了，斑嘴鹈鹕就会换一种战术来捕鱼。它先在空中盘旋，轻盈地悬浮在水面上空，一发现目标，便一头扎下去。

斑嘴鹈鹕扎入水中的瞬间，喉囊发出一阵阵轰鸣声，几乎把鱼都震蒙了吧。入水的斑嘴鹈鹕，喙朝下一搅拌，就将鱼收入囊中。

这一番捕鱼动作，确实粗鲁了点。

还是在广州南沙湿地公园，有一次我和同伴看见一只斑嘴鹈鹕的喉囊里明明装满了鱼，却依然不作罢，只见它拍打一下翅膀，又在湖面上盘旋。原以为，斑嘴鹈鹕会回到不远处的树林里，可是，它将脖颈挺直，带着胀得鼓鼓的喉囊又扎入水里……

“喉囊里的鱼，估计会趁机逃跑吧。”同伴开玩笑道。

话音刚落，斑嘴鹈鹕已奋力从水里飞了起来，扬着喉囊，看着比之前更鼓了。此时，斑嘴鹈鹕似乎也觉得喉囊够满了，于是飞到树的顶端，悠闲地吞食、歇息、消化、打盹儿，直到黄昏来临……

我见过巨大的火烈鸟在湖面上盘旋，也见过同样有着巨大身形的斑嘴鹈鹕在低空中滑翔，不禁好奇，它们怎么都这般轻盈如燕?

后来，我才知道，斑嘴鹈鹕的身体内填充了

大量的空气，像气球一般，而它的骨骼又轻盈至极，甚至骨头都细得透明。作为一种游禽，斑嘴鹈鹕不仅需要在水中畅游，还需在空中翱翔。为了满足这些独特的需求，它们的身体结构经历了相应的演化：细而透明的骨骼减轻了体重，体内充盈的空气则增强了浮力。这样的身体构造使它们在水中游泳时更加轻盈自如，同时在空中飞翔时也能保持轻巧。

无疑，这些先天条件，令斑嘴鹈鹕成为一只优雅的野鸟，而不是一头笨重的野兽。

野鸟朋友圈

斑嘴鹈鹕

今天很抱歉，我不该吞食新同事斑嘴鸭的孩子。我在此保证，当食物充足时，再也不随便吞食或用嘴夹动物园里的各位伙伴了。

3小时前

♥ 黑天鹅，夜鹭，水豚

斑嘴鸭：幸好孩子被饲养员救出来了，以后要离你这“水禽霸主”远点，听说你连饲养员都夹过！

鸳鸯：被你夹过一次，简直是噩梦。我有次看到你摇头摆尾地夹住幼鸟，你难道连自己的孩子都吃吗？

斑嘴鹈鹕回复鸳鸯：我那是将消化的食物返到喉囊，再喂给孩子，它吃得太急了，我摇头摆尾是怕它卡住我的喉咙呀。

黑天鹅：各位，给它个机会吧，它在野外本来就会吃很多小型动物，这是人家的天性。

鸬鹚：天性我理解，但你时不时给我们展示喉囊是什么意思啊？

______：______________________________

______：______________________________

绿头鸭有“半梦半醒”的本事

稻田旁，溪水顺着地势潺潺流淌，灌溉着一年两熟的水稻，最后在最低处积成一片池塘。

池塘上游，有一片滩涂，杂草丛生，一岁一枯荣。滩涂里遍布泥潭，谁也不敢轻易进去。万一陷进去了呢?

绿头鸭不怕。

绿头鸭从滩涂上游的灵界水库飞下来，落在这一片涂满了褐色的滩涂上，“嘎——嘎——嘎”地叫了几声。

正在稻田里拔杂草的我直起腰来，远远就望见了两只绿头鸭飞了过来。

“那里有两只鸭子，谁家的鸭子飞过来了？”我低声问道。

“不是家鸭，是绿头鸭，鸭科的一种野鸟。”父亲抬头看了几眼，又继续拔起草来。

在一个孩子的眼里，绿头鸭跟家鸭的区别其实

并不大。那时候，在我的认知里，两个物种之间的差别，只是“家鸭是家里养的”与“绿头鸭是野生的”。

与家鸭比起来，绿头鸭的胆子小得多。我才走上田埂，腰还没来得及挺直，它就钻进了草丛，消失在我的视野里。

“绿头鸭的反应贼快。”父亲轻轻一笑，末了又补了一句，“性子像你一样急，但胆子没你大，喜欢安静的环境。”

就在这时，草丛里突然传来几声急促的“嘎嘎嘎”，我循着声音跑过去，绿头鸭正慌乱逃窜，一只往水库的方向飞去，一只往另一片草丛钻去。

刚站定，我便发现一只鬼鬼祟祟的黄鼬，它的嘴里叼着零乱的羽毛，我一下子就全明白了。看来，黄鼬并没有占到太多便宜，许是绿头鸭真的太机警了。

这样的机警，来自绿头鸭有“半梦半醒”的

“本事”，这是一种特殊的生理习性。

跟雁群里会有一只放哨的大雁一样，绿头鸭群在野外睡觉时，最边上的那只绿头鸭也会自觉担任哨兵。当哨兵的绿头鸭一只眼睛闭着，处于睡眠状态；另一只眼睛睁着，处于警惕状态。一旦发现险情，它就能第一时间发出警报，让鸭群及时逃生……

在灵界村，只有到了冬季才可能看得到绿头鸭。它们喜欢集成小群生活，栖于水库里，又或者是稻田周围的池塘里。它们跟家鸭一样喜欢吃稻田里的谷穗，池塘里的鱼、虾、螺，也是它们的食物，就连苔藓、浮萍、绿草，也逃不过它们的喙。

显然，绿头鸭是一种杂食性的野鸟。

绿头鸭的脚趾间有蹼，喜欢游泳和戏水，但它很少潜水。在游泳时，绿头鸭还会将尾巴露出水面，不时抖动。

有意思的是，绿头鸭一年会换羽

两次，一次在夏秋间，意味着它们要繁殖了；一次在冬季，意味着要过冬了。

换过羽的绿头鸭，上背和两肩都披着一层褐色羽毛，间或夹杂着一些白色斑纹。羽缘还有一些棕黄色，下背则有黑褐色。最显眼的，就是雄鸭的头至颈部都呈绿色，因此得名绿头鸭。

要是遇上阳光普照的冬日，雄绿头鸭全身都会散发出一种金属质感的光泽，映衬着绿幽幽的头羽，那是乡下难得一见的古典美。

少年时，我和小伙伴都喜欢站在灵界水库的边上观察野鸟，时常见到小䴙䴘、绿头鸭，以及白鹭、白胸苦恶鸟……它们或在水面，或在岸边的草丛里。

“什么绿头鸭，就是野鸭。”

“那是鸟，鸭科里的一种鸟。”

有时候，为了满足自己小小的虚荣心，我时不时就跟小伙伴“显摆”自己的学识，与他们争论绿头鸭到底是鸭子，还是野鸟……

夜幕降临，我们的争论还没有停歇，但绿头鸭扑扇着翅膀，在空中盘旋了好几圈，也没有降落。许是提防着我们呢。

“嘎——嘎——嘎——”绿头鸭盘旋着，不时发出声响，似乎是在侦察敌情，显得小心翼翼。

过了一阵子，绿头鸭开始降低飞行高度，越飞越低，掠过水面时，翅膀溅起了几朵小水花，然后才慢慢落在水面，往湖中央游去，但始终和岸边保持着距离。

这样的警惕性，真是了不起呀。

野鸟朋友圈

绿头鸭

说我长得滑稽的，你们真是“以貌取鸭”，没看见我风雅的一面。宋词总听说过吧？有个词牌名就叫“绿头鸭”，又称“多丽”“鸭头绿”。以我的名字写成的佳作还不少呢，在线征集！

53分钟前

❤ 绿翅鸭，鹧鸪，喜鹊

鸳鸯：你说的这词牌名我知道，宋代晁端礼有一首中秋词《绿头鸭 · 咏月》，写得清婉和雅，甚好。

绿头鸭回复鸳鸯：嘎嘎，你真是才貌双全！

喜鹊：辛弃疾的《绿头鸭 · 七夕》虽然不出名，但写得也很棒，你的名字在词牌里，我的名字在词中。

绿头鸭回复喜鹊：哈哈，还有吗？大家快来评论！

______：______________________________

______：______________________________

冬季的鸳鸯有一种静谧之美

雷州半岛的冬季似乎总是迟到，田野里的晚稻早就颗粒归仓了，冬季的影子还没个谱儿。此时，稻田空闲着，几只馋嘴的麻雀时不时地啄食着掉队的稻谷。

也许，只有麻雀是闲不住的。

稻田的上游便是灵界水库。此时，湖面平静如镜，似乎跟稻田一样空闲了下来。

它们都在等待，等待下一个春天的号角吹响。那时候，万物开始苏醒，湖水便会开始荡漾，溪水也会奔涌着流向稻田……

当冬季的脚步越来越近时，迁徙的鸳鸯突然飞到了灵界水库，落在如镜的湖面上。那一年，但凡见过鸳鸯的人都会觉得，那是一种令人目眩神迷的美。

“那只头顶有橙色和绿色羽冠的鸟，是雄鸟。”父亲指着水库中央的一只鸟说道。

“它的颈部有橙色丝状羽，确实好看呢。”我也跟着仔细辨认。

“对，雄鸟还有一个特征，它的喙是红色的，

即使是非婚羽期间，喙也是红色的。雏鸟的体色跟成鸟雌鸟相近，多是灰褐色。”父亲这么一说，我的目光更难以离开这对鸳鸯了。

“雌鸟看起来灰不溜秋！”我刚学会的一个词语，这时候就派上了用场。

父亲向我投来赞许的目光。

鸳鸯也只有冬季才可能会来到雷州半岛，这里只是它南迁的一个中转站。休整一段时间后，鸳鸯会启程继续南迁……

这时候，鸳鸯缩着脖子，浮在水面上。我发现雄鸟还有一撮乳白色的宽阔眉纹以及鲜亮的紫色胸部，在翠绿色的湖面上，格外显眼。

灵界水库周围的植被繁茂，离岸远一点的地方有人工种植的细叶桉树，岸边有约1米宽的水草驳岸，间布低矮的杂灌木丛，浅水的地方还生长了好几棵高大的水杉……出没在水库里的游禽有小鸊鹛、绿头鸭、普通鸬鹚，更有不少涉禽，像夜鹭、大白鹭、黑水鸡……如此色彩斑斓的鸳鸯，是极少出现的。

灵界水库一年四季都有群鸟翻飞，大家似乎司空见惯了，心里就像是平静的湖水，激不起一点儿的浪花。但是，因为有了鸳鸯，水库似乎更加生动了。噢，不，是更加灵动了。

一对鸳鸯的出现，带给一个乡村少年的惊喜至今让我记忆深刻。当大家的目光都投向色彩华丽的雄鸟时，我却盯着雌鸟。

雌鸟看似灰不溜秋，但仔细观察，灰棕色的羽色里暗藏着多种深浅不一的色调，或为灰色，或为米色，其间还有精细的白色纹路。有多少人会轻易错过这低调的朴素美呢?

一雄一雌的鸳鸯停留在湖面上，安静如斯。是的，到了冬季，鸳鸯安静了下来，像在思考着什么。那是一种静谧之美。

游弋在古诗词里，鸳鸯总是调动着人们不一样

的情愫。像唐代诗人卢照邻就写过这样的句子——

得成比目何辞死，愿作鸳鸯不羡仙。

这般感天动地的爱情，怎能不让人羡慕？只是，现实中的鸳鸯，并非如此忠贞。

鸳鸯多是成群活动，河流、水塘、沼泽地以及稻田，都是它们栖息的地方。它们还喜欢生活在针叶和阔叶混交林里，常常飞上树去，栖息在树冠中。

到了繁殖期，雄鸟会选择雌鸟结成夫妻，并且选择树洞作为巢穴。待交配结束，雌鸟产卵后，雄鸟的任务似乎就完成了。无论是孵蛋，还是照顾幼鸟，雄鸟都不再理会，然后在鸳鸯群里，再找一只雌鸟，继续交配，继续繁殖后代……

这么一看，鸳鸯压根就没有所谓的“忠贞爱

情”。那些诸如“文采双鸳鸯，裁为合欢被”“尽日无人看微雨，鸳鸯相对浴红衣”之类的古诗词，只是古代文人骚客的一厢情愿罢了。

记忆里，那次路过灵界水库时看到的鸳鸯其实非常机警，总是远远地浮在水库中央，我们只能远观。黄昏时刻，鸳鸯从水面起飞，越过一片树林，消失在林地深处……

冬季集群活动的鸳鸯也极善隐蔽。返巢时，先是一对鸳鸯在栖息地上空盘旋几圈，仔细侦察敌情，确认安全了，它们才发出“暗号”，招呼大家回巢歇息。要是发现了敌情，“警报”声响起，大伙儿就会一起逃命……

野鸟朋友圈

鸳鸯

恭喜孩子们幼儿园毕业！你们走出树洞，展开翅膀从树上跳下来的那一刻，勇气将伴随你们一起茁壮成长！

18分钟前

♥ 小䴙䴘，绿头鸭，白骨顶

小䴙䴘：幼鸟从树上跳下来不危险吗？你们为什么在树上筑巢？真是颠覆我对鸭科动物的印象。

鸳鸯回复小䴙䴘：从树上跳下来的确可能会发生意外，但这是每只小鸳鸯都要经历的生存考验。我们鸳鸯是树栖鸟，鸭科中也有不少亲戚是在树上筑巢孵蛋的，比如中华秋沙鸭。

小䴙䴘回复鸳鸯：怪不得，最近经常看到它们成双成对往水边树林里飞，原来是去筑巢啊，真羡慕你们鸭类，任何时候都和伴侣在一起。

红颈䴙䴘回复小䴙䴘：老弟，可不是所有鸭子都对伴侣一心一意呀。说到这个，鸳鸯肯定要说道说道了。

____：____________________

____：____________________

普通鸬鹚要做自然真正的主人

在出海口，有一条长长的、高高的坝。坝的一边是大海，一边是鱼塘，中间的水泥路并不宽敞，两辆小汽车“会面”时，需要格外小心……

这条水泥路正是我们观察湿地野鸟的重要道路。阳光灿烂的时候，我们一次又一次地走过；风雨交加的时候，我们一趟又一趟地穿行。

走走停停，又是拍摄，又是记录……一年又一年，我们记录了多少只野鸟，恐怕只有包里的笔记本最清楚。

这一天午后，阳光冲破厚厚的云层，冒出了

头。光线并不耀眼，但足以给大地带来一点点光热。

我们架车向着湿地的另一端驶去，并不知道前方会出现什么野鸟——观鸟靠运气嘛。上了一段高坡，我们特意将车窗摇了下来，大海似乎也在歇息，只有汽车发动机发出微响，周围一片寂静。

靠近鱼塘一边的路旁，一排一排的电线杆站立在荒野上，由近及远，像一个一个哨兵，排列着，守护着这一片湿地。

很快，我们的视野里就出现了好几只黑色的

野鸟，它们就停在电线杆上。看体型，那不是八哥，也不是乌鸫（dōng）。阳光似乎正好迎着我们照了过来，一时恍惚，就更加辨认不出这是哪一种野鸟了。

靠近，停好车，我将望远镜举了起来。镜头里，阳光又柔和了些许，再调整一下望远镜，画面变得清晰起来。原来那是几只普通鸬鹚。

在岭南地区，普通鸬鹚多是冬候鸟，偶有留鸟，且时常出没在海面上。它们锐利的眼睛泛着绿光，潜入水里后，即使海水浑浊，也能凭借出色的听觉，在水里追寻鱼儿将近一分钟。那些游不快的鱼儿，很难逃脱普通鸬鹚那带钩的、老虎钳一般的喙。

此时，这几只普通鸬鹚也许刚刚吃饱喝足，它们正在电线杆上晾晒翅膀。潜水的时候，普通鸬鹚的羽翼湿透了，回到岸上，就会张开翅膀在阳光下晾晒。

电线杆上并不宽敞，如此多的普通鸬鹚停在上面，都曲着背，躬着身，我甚至有点担心它们会摔下来——显然，这种担心是多余的。普通鸬鹚这时举起了翅膀，往身后一并，并将头颅向前一倾，似乎平衡了一下身子。过了一会儿，普通鸬鹚又将翅膀打开，作起飞势。但是，它们并没有飞走，高高展翅，只是为了更好地晾晒藏着水珠的翅膀。

原来，普通鸬鹚就是这样晾晒翅膀的。

在好奇心的驱使下，我们再次启动车辆，低速前进，慢慢靠近电线杆。近了，近了，普通鸬鹚并没有太明显的骚动，其中几只只是用青绿色的小眼睛瞥了我们一眼，腾挪了一下位置，又停了下来，继续晾晒着翅膀。

汽车从电线杆下驶了过去，我们将车靠到一边，换一个方向继续观察普通鸬鹚。在望远镜里，我们清晰地看到它们全身披着黑色的羽毛，头颈泛着紫绿色的光泽，两肩还铺着一层青铜色。

这是我们少有的一次能够如此近距离观察普通鸬鹚的机会，而且是野生的普通鸬鹚。这时候，它们恐怕是最自由的，也是最惬意的。

在大海里，普通鸬鹚可以用翠青色的全蹼足划水前进，在海面上快速穿梭，甚至能潜到水下4米左右的深度，可谓是鸟类中的“潜水高手”。要是遇到大鱼，普通鸬鹚还会团队作战，围捕大鱼，你啄头，它啄尾，连推带衔，将大鱼收入囊中。

在浅水的湿地，普通鸬鹚脚蹼和翅膀并用，在悄无声息地靠近猎物时，瞬间抻长脖子，用喙发出致命一击，简直就是神出鬼没，可谓是名副其实的“黑鱼郎”。

也有一种人工驯养的鸬鹚，是渔人的好帮手。我仍记得上学时学过的一篇课文——《鸬鹚》，那是郑振铎的名作——

渔人忽然站起来，拿竹篙向船舷上一抹，这

些水鸟都扑扑地钻进水里去了。湖面上荡起一圈圈粼粼的波纹，无数浪花在夕阳的柔光中跳跃。

一只鸬鹚钻出水面，拍着翅膀跳上渔船，喉囊鼓鼓的。渔人一把抓住它的脖子，把吞进喉囊的鱼挤了出来，又把它甩进水里。

历史的长河奔流至今，渔人驯养鸬鹚捕鱼的行为已日渐减少。鸬鹚“挣脱”了脖颈上的绳索，回归荒野，做了大自然真正的主人，这或许才是鸬鹚，也是普通鸬鹚真正的归宿，是自然最美的诗意，更是生态文明建设的伟大成果。

野鸟朋友圈

普通鸬鹚

听说在人类世界，“五彩斑斓的黑”是很难创造出来的效果。有他们说的那么难吗？看看我吧，我的羽毛天生就是“五彩斑斓的黑”。

16分钟前

♥ 乌鸦，黑水鸡，白骨顶

黑鹳：我也是！我的羽毛上有特殊的微小结构，可以形成五彩斑斓的结构色！

普通鸬鹚回复黑鹳：哈哈，让人类羡慕去吧！

乌鸦：在这件事上我有发言权。人类以“乌鸦”命名我，因为他们看到我的羽毛是黑色的，实际上，我的羽毛和你们一样五彩斑斓！

普通鸬鹚回复乌鸦：哇，不过为什么人类只能看到你的黑色羽毛呢？

______：______________________________

______：______________________________

白额雁的“故乡情结”

我们似乎总有一种“故乡情结”。春节一到，不管路途多远，总要跋山涉水，回到故乡，与家人团团圆圆迎新春……

这是中国人传承至今的习俗。

有意思的是，白额雁似乎也有这样的“习俗”，它们每年总要跨越山河，回到祖祖辈辈待过的越冬地。

这或许就是白额雁的“故乡情结”吧。

白额雁是一种典型的湿地野鸟，在国内多见于东北至西南的大部分适宜水域。迁徙越冬时，多出现在长江中下游和东南沿海地区。

这次在岭南地区的湿地发现白额雁，多多少少有点出乎我们的意料。这是大自然馈赠给我们的最好的冬季礼物。

当时，我们正在稻田边观察湿地野鸟。水稻

刚刚收割完，三只白额雁聚成一小群，正在稻田里觅食。它们进入我们望远镜的视野中时，正好面对着镜头。它们的嘴基有一块明显的白斑。有意思的是，这一块白斑环绕嘴基，且没有延伸至上额，正好有别于小白额雁。

白额雁并没有发现我们，继续一边在稻田里觅食，一边往稻田边的河沟走去。要知道，白额雁可是对入侵者极为警觉的。

眼看着白额雁与我们的距离越来越近了，我们尽可能地屏息隐藏，争取在更近的距离里观察它们。这可是十分难得的机会。

很快，我们就发现了白额雁另一种十分显著的特征。它们通体呈棕褐色，而有着白色和黑色的横纹，腹部又有数量不一的黑色粗条斑。

有一只白额雁停了下来，许是发现了什么，这让我们更

为紧张了。停歇的白额雁向左望了望，又看向了右边。这时候，我们才发现，白额雁的喙是粉红色的，脚是橘黄色的，翅膀收拢时，整个翅尖和尾尖正好齐平。

突然，一只白额雁“里欧——里欧——”地发出一阵警报，飞了起来，另两只白额雁也齐刷刷展开翅膀，向着广袤的天空飞去。它们消失在我们的视野里，天空中却仿佛还荡漾着它们的鸣叫声，远远的，远远的……

小时候，站在灵界村的荒野上，我时常见到一行又一行的大雁一会儿排成“人”字，一会儿又排成“一”字，从头顶飞过。从天空中传来的“里欧、里欧”的雁鸣声，一声高过一声，至今还响彻在我的脑海里。

那一行又一行大雁，到底是白额雁，还是小白额雁，又或者是豆雁，当时的我并不能清晰地辨认。但是，当雁声由远及近地传过来，又由近及远地消失的时候，少年的我就会驻足观望，那是对大雁的祝福，也是对灵界村以外的世界的憧憬，并沉淀成这个少年的诗行——

大雁会写字
它们把天空当纸
用翅膀当笔
一会儿写一个大大的“人”字
一会儿又写一个大大的“一”字

大树也不甘示弱
把大地当纸
用树叶当笔
还唤来“风”这个老朋友帮忙
一会儿写“人”字
一会儿写“一”字

野鸟朋友圈

白额雁

终于找到大部队了！在漫长的迁徙途中，不小心掉队之后差点被狐狸偷袭，还躲过了一堆埋伏在草丛里的大炮！如今回到队伍里，就能和同伴们轮班值守，睡个好觉了……

33分钟前

♥ 鸿雁，豆雁，红嘴鸥

夜鹭：据我的经验，那不是大炮，是人类的望远镜与摄像机，是用来观察和拍摄我们的。

白额雁回复夜鹭：你可能已经习惯和人类和平相处，但我可不喜欢被偷窥，希望他们离我远一点。

鸿雁：上次见面还是在北方吧？你今年也在这儿过冬吗？

白额雁回复鸿雁：好久不见！我们只是在这里中途休息和觅食，补充体力后就又要启程啦。

海鸥：你们的迁徙路途实在是太长啦，好奇你们是怎么记住这么复杂的路线的？

______：______________________________

______：______________________________

后记

毫无疑问，是蟑螂老师带我走上了更加细致、更加专业的湿地观察之路。

那一年，我开设了“自然一点”工作室。蟑螂老师是我的学术顾问，也是工作伙伴。

因为工作室有任务，蟑螂老师外出拍摄自然节目时便会捎上我，带着我跑了一处又一处湿地。也正因此，我才正儿八经地开始观察湿地生态，然后开始写一写湿地自然日记，拍一拍工作室节目，最后勉勉强强完成基本任务。

风里来，雨里去。似乎没有什么能够阻挡蟑螂老师追寻湿地的热情，想出发就出发。于是，我也屁颠屁颠地跟着跑。

站在蟑螂老师的身边，我们一起观察湿地。渐渐地，我找到了感觉，好像也找到了书写湿地故事的入口。

这个入口，就是我少年时在灵界村的生活经历。

位于祖国大陆南端的灵界村是我的故乡，是我对湿地观察萌生兴趣的开端，也是我写作自然文学的始发地。

在灵界村，推门而出，不远处就有浅浅的池塘，雨季蓄满水，旱季又干涸，但始终孕育着丰富的湿地物种；往田野里走，那里又有一座水库，常年有水，既灌溉下游的稻田，也蕴藏着各式各样的淡水鱼；再往远一点的地方走，便到了隔壁小镇，可以看见大海。那是一座港口，海浪翻滚，海鸟翻飞，船来船往，鱼跃人欢，好一幅如诗如画的海港风景图。

可以肯定地说，这一片红土地处处可见湿地生态，时时发生湿地

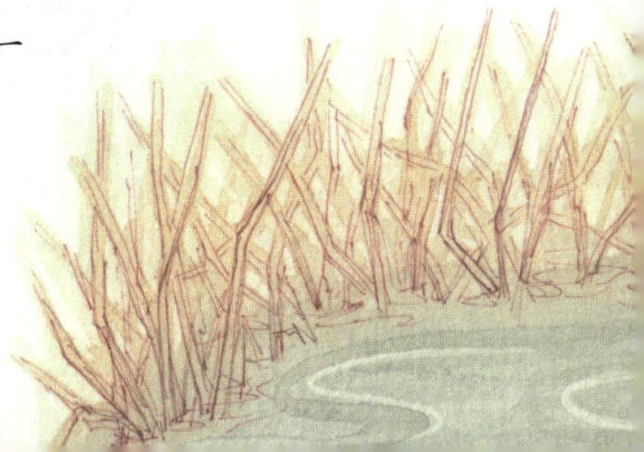

故事，像一座宝藏，挖不完，写不尽……

此时此刻，我的脚下正是珠三角的湿地。这是我的第二故乡。这里同样有大海，同样有滩涂，同样有红树林。无论是雷州半岛的湿地，还是珠三角的湿地，它们都是中国湿地的重要组成部分。

于是，我将两个故乡的湿地生态融合起来，寻找到一个共同的写作窗口，写成了这套“湿地中国·自然博物”系列图书，正式交由广州出版社出版发行。

后 记

这一次，我依旧选择了湿地野鸟、湿地昆虫以及湿地植物这三大物种进行观察。在湿地生态系统中，这三者构成了紧密相连、相互影响的生物链。无论是翱翔天际的野鸟，还是忙碌于植被间的昆虫，抑或是扎根土壤的植物，它们不仅在生态系统中扮演着重要的角色，更共同维系着湿地的生物多样性。

与此同时，我们正生活在湿地生境里，与野鸟，与昆虫，与植物，每时每刻都发生着许许多多的故事。这些故事，或许您没有感受到，但它已然发生了，又或者正在发生……这就是自然文学无穷的魔力。

正是自然文学所散发的那股独特魔力，深深地将我迷住了。于是，我不知疲倦地奔赴在创作自然文学的征途中。在完成“湿地中国·自然博物”一套三册小书后，我又要重新上路了。

下一个自然主题，会是什么呢？

我跟您一样期待，期待蟑螂老师带领我开辟新的观察路线。我会继续努力，争取给您一个惊喜，好吗？

感谢自然，感谢读者，感谢自己！

何腾江

2024年1月31日于孙中山故乡

参考书目

[1] 赵欣如. 中国鸟类图鉴[M]. 北京：商务印书馆，2018.

[2] 刘阳，陈水华主编. 中国鸟类观察手册[M]. 长沙：湖南科学技术出版社，2021.

[3] 杨金主编. 福建鸟类图鉴[M]. 福州：海峡书局，2018.

[4] 肖辉跃. 醒来的河流[M]. 北京：商务印书馆，2023.

[5] 刘从康，王俊. 身边的鸟[M]. 武汉：武汉出版社，2016.

[6] 大山. 褐马鸡和他的邻居们：大山观鸟笔记[M]. 南京：江苏凤凰文艺出版社，2018.

[7] 李湘涛等. 北京自然故事[M]. 北京：商务印书馆，2019.

[8] 宋晓杰. 自然景观：我的湿地鸟类朋友[M]. 广州：新世纪出版社，2018.

[9] 曾毅峰，吴娟．飞鸟相与还：南方城市观鸟笔记[M]．广州：广东人民出版社，2017.

[10] 傅菲．鸟的盟约[M]．桂林：广西师范大学出版社，2021.

[11] 罗张琴．大地上的生灵[M]．武汉：长江文艺出版社，2023.

[12] 欧阳婷．北方有棵树：追随大自然的四季[M]．北京：商务印书馆，2021.

[13] 王自堃．坛鸟岁时记：鸟儿都是从天而降的游吟诗人[M]．南宁：广西科学技术出版社，2019.

[14]韦斯特伍德，莫斯．鸟鸣时节：英国鸟类年记[M]．朱磊，王琦，王惠，译．南京：译林出版社，2021.

[15] 科利别里．大地仍躲在棉被下越冬：俄罗斯自然随笔[M]．陈淑贤，译．北京：中国青年出版社，2021.

[16]朗贝尔．飞鸟记[M]．高璐，侯镌琳译．北京：北京大学出版社，2016.